智慧
幽默术

——缓解压力、谈笑制胜的64种幽默技巧

郭凯旋◎编著

北京工业大学出版社

图书在版编目（CIP）数据

智慧幽默术：缓解压力、谈笑制胜的 64 种幽默技巧／郭凯旋编著 . —北京：北京工业大学出版社，2012.7（2021.5 重印）

ISBN 978-7-5639-3100-2

Ⅰ.①智…　Ⅱ.①郭…　Ⅲ.①幽默（美学）—通俗读物

Ⅳ.①B83-49

中国版本图书馆 CIP 数据核字（2012）第 079121 号

智慧幽默术——缓解压力、谈笑制胜的 64 种幽默技巧

编　　著：郭凯旋
责任编辑：王　喆
封面设计：天之赋设计室
出版发行：北京工业大学出版社
　　　　　（北京市朝阳区平乐园 100 号　100124）
　　　　　010-67391722（传真）　　bgdcbs@ sina. com
出 版 人：郝　勇
经销单位：全国各地新华书店
承印单位：天津海德伟业印务有限公司
开　　本：700 mm×1000 mm　1/16
印　　张：11.5
字　　数：208 千字
版　　次：2012 年 7 月第 1 版
印　　次：2021 年 5 月第 2 次印刷
标准书号：ISBN 978-7-5639-3100-2
定　　价：28. 00 元

前　言

　　什么是幽默？《现代汉语词典》这样解释幽默：有趣或可笑而意味深长。黑格尔指出，幽默是"丰富而深刻的精神基础"；康德认为，幽默是理性的"妙语解颐"；侯宝林说："幽默不是耍贫嘴，不是出怪相、现活宝，它是一种高尚的情趣，一种对事物的矛盾性的机敏反应，一种把普遍现象戏剧化的处理方式"；钱仁康说："幽默是一切智慧的光芒，照耀在古今哲人的灵性中间。凡有幽默素养的人，都是聪敏颖悟的。他们会用幽默手腕解决一切困难问题，而把每一种事态安排得从容不迫，恰到好处。"可见，幽默是一种高级的智慧语言艺术，它与人的各方面的素质是密切相连的。

　　那么，智慧幽默术在哪些方面具有不可忽视的作用呢？

　　禅意生活：幽默雕塑人生智慧。幽默是一种惊人的力量，它让人变得智慧、变得乐观、变得坚强。幽默让生活变得绚丽多姿……

　　职来职往：幽默是快速升职的完美动力。幽默让你顺闯面试；幽默是你职场攀升的助推器；幽默让你在职场中游刃有余……

　　谈情说爱：幽默是甜蜜恋爱的情趣秘籍。恋爱中的人都渴望浪漫，都渴望拥有完美的爱情。幽默可以帮助你成功求爱、爱情升温、缓解小摩擦……

　　柴米油盐：幽默是家庭和谐的调节器。一个家庭里，如果有幽默相伴，不管是夫妻相处、与老人相处、与孩子相处、与朋友相处都将是快乐的、幸福的交响乐……

左右逢源：幽默是人际交往的沟通桥梁。人际交往是一门艺术，幽默正是这门艺术中的绝招。拉近人与人之间的距离，消除疏离感和陌生感，让你如鱼得水……

机巧灵活：幽默是扬帆商海的助阵利器。商场如战场，而今是知识经济占主导地位的时代，只要你拥有伶牙俐齿的口才，拥有幽默的"细胞"，商海凭你遨游……

舌绽莲花：幽默是精彩演讲的点金妙笔。精彩的演讲让你语惊四座。但是，富有幽默感的演讲更让其效果锦上添花，不仅让人为你的出口成章而叹服，更让人为你幽默的谈吐而笑声不断……

诙谐达观：幽默是养生保健的必备指南。"笑一笑，十年少"，是的，学会了与幽默相伴，人生无处不精彩，无处不美好。学会了幽默，会让你的身心更健康，人生更惬意……

本书将智慧幽默术详尽地陈述了出来，并告知读者，学会了运用幽默，不仅可以令自己身心健康，天天快乐，更可以感染身边的人，让你成为一个最受欢迎的人。本书取材于现实生活，通过生动有趣的实例和深入浅出的分析，启迪你的智慧，照亮你的人生之路。期望读者读过本书之后，能够领悟到许多东西，从而使你走向快乐与成功！

目录
CONTENTS

第一章 禅意生活：幽默雕塑人生智慧

幽默高手常常在悲苦时显得轻松，欢乐时显得含蓄，危险时显得镇静，讽刺时不失礼节，孤独时不会绝望。幽默感是人比较高尚的气质，是文明的体现。一个社会不能没有幽默。幽默之中总是蕴涵着大智慧。可以这样说，有智慧的人不一定是幽默的人，而幽默的人一定是有智慧的人，他的人生一定充满智慧。

第二章 职来职往：幽默是快速升职的完美动力

如今社会竞争激烈，工作压力增大，一切都变得纷繁复杂，人际关系也变得越来越微妙。其实，不妨给工作加点轻松的调料，以幽默来表达你的观点，在笑声中向上司提建议，幽默地和同事们相处……工作中有幽默相伴，使工作多一些快乐，多一些笑声，让升职多一些完美的动力……

第三章　谈情说爱：幽默是甜蜜恋爱的情趣秘籍

爱是男女之间的感情交汇。男人和女人是这个世界上最奇妙的存在。一位名人曾说："男人是太阳，女人是月亮。太阳和月亮的光糅合在一起，就会组成一个美妙的世界。"生命是一朵花，爱情是花的蜜，而幽默则是采花酿蜜的蜜蜂。所以，要学会运用幽默，爱情才会甜甜蜜蜜。

第四章 **柴米油盐：幽默是家庭和谐的调节器**

有人说："没有幽默感的家庭就像个旅店。"这话固然过于偏激，但却说出了幽默对于家庭的重要性。因为浪漫只是一瞬间，漫长变得很平淡。夫妻之间总要有一个从花前月下到柴米油盐的过程。幽默与相敬如宾并不绝对矛盾，情意绵绵中的幽默更是不可或缺，至于缓解别扭、消除误会，更是幽默的特异功能。夫妻之间如果能够经常用幽默对白，会让平淡的生活变得多姿多彩。

第五章　左右逢源：幽默是人际交往的沟通桥梁

　　现代生活节奏快速，人们大多背着难以承受的重负奔波其中，难免在交际场合狭路相逢。现代社会人际交往的过程中，交往程度往往由双方相互间的吸引力而定。一般来说，富有幽默感的人本身就是一个强大的磁场，更容易赢得他人的喜爱和青睐，在与他人的交往中游刃有余，轻松自在。

俾意生活：
幽默雕塑人生智慧

　　幽默高手常常在悲苦时显得轻松，欢乐时显得含蓄，危险时显得镇静，讽刺时不失礼节，孤独时不会绝望。幽默感是人比较高尚的气质，是文明的体现。一个社会不能没有幽默。幽默之中总是蕴涵着大智慧。可以这样说，有智慧的人不一定是幽默的人，而幽默的人一定是有智慧的人，他的人生一定充满智慧。

1.
幽默是一种惊人的力量

幽默研究学者张瑞君曾说："如同树木需要阳光、空气、水一样，人也需要幽默。幽默感是现代人应有的素质。"他还说："对疲乏的人们，幽默就是休息；对烦恼的人们，幽默就是解药；对悲伤的人们，幽默就是安慰……"也有人形象地说："没有幽默感的语言是一堆枯燥的文字，没有幽默感的人如同一尊毫无生气的雕像，没有幽默感的家庭如同一间仅供过客歇脚的旅店，而没有幽默感的社会是不可想象的。"可见，幽默是一种惊人的力量。

幽默可能发生在社会生活的每一个阶层，每一个角落。受过良好教育的人，可以有幽默方式；斗大字不识一筐的人，也可以有他们独特的幽默方式。可以说，幽默是一个不拘性别、不拘年龄、不拘社会地位、不拘教育程度，人皆可为之的社会现象。正因为幽默在我们的社会生活中这样普遍，人们太熟悉它了，它才被人们所忽视。当人们生活在一个缺少空气的环境中，才能深切体会到空气对人体的重要。同样，只有当人们生活在一个缺少幽默的社会环境中，才会感到幽默的魅力，感到生活中幽默的力量。

一天，"伦琴射线"的发明者伦琴收到一封信，写信人请求伦琴寄一些"伦琴射线"和一份怎样使用这些射线的说明书给他，因为他胸中残留着一颗子弹，需要用射线治疗。

伦琴阅过信，提笔复信道："真遗憾，眼下我手头的 X 射线刚好用完了，况且要邮寄这种射线十分困难。这样吧，请把你的胸腔给我寄来吧！""把你的胸腔给我寄来吧"，就是幽默智慧的过人之处。

在一次电视节目中，主持人向一位女作家问了这样一个问题："一个女人要婚姻持久，你认为什么是最重要的?"

"一个耐久的丈夫。"女作家随口答道。

那位主持人提出的问题不是一两句话就能说清楚的，但女作家又不能不回答，为了避免过多的纠缠，女作家一句"一个耐久的丈夫"，既幽默、简洁又发人深省，可谓"一语惊人"。

其实，在生活这个大舞台中我们经常看到各种各样的人演出的一幕幕"一语惊人"的剧目。

"能告诉我，你为什么要从手术室跑出来吗?"医院负责人问一个十分紧张的病人。

"那位护士说：'勇敢点，阑尾炎手术其实很简单!'"病人说。

"难道这句话说得不对吗? 她是在安慰你呀。"负责人笑着对病人说。

"啊，不，这句话她是对那个准备给我动手术的大夫说的!"

病人幽默地画龙点睛，鲜明地表达出自己对医生手术水平的怀疑。

语言不是万能的，不过有时候一句话却能够在适当的场合发挥出千言万语都不能达到的作用，这也就是"以不变应万变"的思想在语言领域里的具体应用。

雅典的首席执政官听说哲学家保塞尼亚斯是一个能言善辩的人。这天，他派人把保塞尼亚斯请到贵族会议上来，对他说："贵族会议的成员，每个人都有一个问题要问你，你能不能用一句话来回答他们所有的问题?"

保塞尼亚斯不假思考地说："那要看看都是些什么问题了。"

议员接连不断地提出了几十个不同的问题。当问题提完后，保塞尼亚斯还是不假思索地回答："我全都不知道!"说完，他转身走出了贵族会议大厅。

上面这个幽默是属于善辩一类，善辩所表现出的常常是说话者的聪明智慧，敢于或者勇于表现自己。保塞尼亚斯就很好地表现出驾驭语言游刃有余、挥洒自如的风度。读过了上面这个故事，相信你一定认识到我们所说的"一语惊人"、"以不变应万变"绝不是痴人说梦。

"一语惊人"的幽默有"秤砣虽小压千斤"的力度和"片言明百句，坐役驰万里"的广度。由于"一语惊人"的幽默具有这一特点，我们在交谈中使用这一技巧时，就应该用最简洁明了的语言表达出自己的意思，切忌拖泥带水。

幽默就是力量。那么，幽默的力量体现在哪些方面呢？

1. 幽默可以促进身体健康

中国有句老话"笑一笑，十年少"。笑为什么能使人年轻呢？现代医学实验证明：笑是一种简单而又愉快的运动，能消除紧张，对心脏有益，能调节过高或过低的血压，促进消化，延长寿命。而幽默最大的功能就是引人发笑，因此，幽默能够增进人类的健康。

2. 幽默是调节心理的有力武器

在人生道路上，挫折和失败是常有的事，如果不能坦然地面对，我们就会被焦虑和紧张所困扰。假如你懂得幽默，你也就拥有了随环境变化不断加以调节自我心理的有力武器，你就可以利用幽默减轻生活中因挫折和失败带来的痛苦。在现代社会，人们的生活节奏很快，生活压力很大，人们的情绪波动很大，因此，在生活中，我们要学会用幽默来调节心理、放松精神。

3. 幽默能够帮助你把生活变得健康、活泼，使得你的人生富有诗意

在悲伤的时候，幽默不一定能让你快乐起来，但是它能够帮助你笑对人生、轻松愉快而又不乏有意义地生活。当你浑身充满幽默的力量、善做趣味的思考时，你会发现你会更加容易接受一些你原本并不满意的事实。

4. 幽默能带来友善的人际关系

友善的幽默能表达人与人之间的真诚、友爱，拉近人与人之间的距

离，是和他人建立良好关系的不可缺少的条件。尤其是当一个人要表达内心的不满时，若能使用幽默的语言，别人听起来会顺耳一些。当一个人需要把别人的态度从否定变为肯定时，幽默具有很强的说服力。当一个人和他人关系紧张时，幽默也可以使双方从容地摆脱窘境或消除矛盾。

具有幽默感的人，在日常生活中都有比较好的人缘，他可在短期内缩短人际交往的距离，赢得对方的好感和信赖。而缺乏幽默感的人，会在一定程度上影响交往，也会使自己在别人心目中的形象大打折扣。在某种意义上讲，幽默是人与人交往中的润滑剂，它可以使人们的交际变得更顺利、更自然。

5. 幽默能够帮助人们摆脱困境

在处境艰难、诸事不利或者遇到突发事件的情况下，幽默能够确保你冷静、合情合理地对自己所面临的状况或事件，做出正确和恰当的处理，从而摆脱困境。

幽默能够借助语言或行动，作用于人的心理，改变矛盾指向，完成矛盾双方的角色转换，最终使人摆脱困境。幽默可以让人急中生智，化解困境，或者从危险的境地中脱身，创造性地、完善地解决问题。当你遇到迫切而又棘手的问题时，懂得随机应变，使用恰到好处的一句幽默的话，能令你立于不败之地。

幽默就是力量。幽默可以使人身心健康，永远年轻；幽默可以缓解压力，创造快乐的感觉；幽默是人类生活的润滑剂，是暗淡色调里的一抹亮色；幽默可以令人巧妙地摆脱尴尬，同时也不会过分伤害别人。我们如果在人际交往中掌握了幽默的技巧，就能很好地调节生活，甚至改变人生，使生活充满欢乐。

是的，与世界上所有的力量一样，幽默的力量也不是万能的。可是，幽默的力量对你的生活确实有实实在在的帮助。它帮助你以新的眼光看待周围的环境和个人的生活，帮助你正视并恰当地估计和应付那些困扰你的难题，帮助你同他人的关系充满温暖与和谐，帮助你把许多的不可能变为可能……

2.
幽默是智者的明信片

幽默是一门艺术，是一种饱含智慧和情趣的领域。它体现了一个人的智慧和情趣，真正的幽默是一种智与情的结合。幽默是智慧的自然流露，幽默与智慧相伴相随。古往今来，许多智者都不无幽默感，他们的智趣中蕴涵幽默，而幽默中含有机智。相反，那些不懂得幽默的人即使额高七寸，聪明绝顶，也算不上真正的有智慧。

平常，我们说一个人很有幽默感或很幽默，判断的条件有两个：一是他的言语有趣或可笑，二是他的言语还必须意味深长。幽默是睿智的体现。幽默能够显露出人的大智慧，能够让听者在会心一笑的同时启发心智，并回味无穷。

当年，萧伯纳派人给丘吉尔送去两张戏票，并附上短笺说："亲爱的温斯顿爵士，奉上两张戏票，希望阁下能带一位朋友来观看拙作《卖花女》的首场演出——假如阁下还能有一位朋友的话。"萧伯纳的幽默向来都是以尖刻著称的，他这样奚落丘吉尔并不奇怪。丘吉尔不甘示弱，马上写了一封短笺予以还击："亲爱的萧伯纳先生，蒙赐戏票两张，谢谢！我和我的朋友因有约在先，不便分身前来观赏《卖花女》的首场演出，但是我们一定会前去观赏第二场演出——假如你的戏也会演第二场的话。"

在两位名人的"短兵交接"的"语言交锋"中，我们不仅能够看到辛辣生动的幽默，同时还能品味出蕴涵在幽默之中的名人的智慧。

无论是哲人、学者、军人、领导、科学家、企业家，还是普通的百姓，生活中都不乏令人回味的幽默之言和令人忍俊不禁的幽默之举。无论是低头一笑还是开怀大笑，无论是讽刺的笑还是含泪的笑，无不体现了人们的聪明才智和对生活的不同理解。观察生活、体验生活、热爱生活、理解生活、贴近生活、反映生活、源于生活、高于生活，生活才有智和情，生活才有幽默和风趣。

机智、反应力快，可以给幽默增加活力，产生很多幽默风趣的思想火花，使你临场发挥比较好；

善良、善解人意，对人宽容，不冲动，不偏激，幽默可以使你在朋友的心中留下深刻的印象，会给人以可亲可近之感；

洒脱、乐观、豁达、真情感人，幽默可以把友爱与宽容传递给别人，让别人更加喜欢你。

有一次美国第 26 任总统西奥多·罗斯福的许多东西被偷了。他的朋友写信安慰他，他在给朋友回信中说："谢谢你来信安慰我，我现在很平静。这要感谢上帝，因为：第一，贼偷去的是我的东西，而没有偷去我的生命。第二，贼只是偷去了我一部分东西，而不是全部。第三，最值得庆幸的是：做贼的是他，而不是我。"

欢乐和笑声是人们生活中必备的良药，只要有幽默存在，就能使人放松心情，而唯有智者才能在任何情况下都保持宽松的心境。

据记载，苏格拉底的妻子是一位脾气暴躁的人。有一次，不知什么缘故，他的妻子突然大声叫喊起来。苏格拉底问她原因，她竟然把苏格拉底推出了阁楼。当苏格拉底走到楼下的时候，她又提起一桶凉水泼了下来，苏格拉底全身湿透。苏格拉底见围观的人很多，便幽默地说："我早知道打雷之后一定会下雨的！"

豁达的幽默意味着精神上的超脱，它是一种积极因素，是美好人性的表现。凡事保持幽默豁达的心态，即使面对棘手的问题也能妥善处理，这更是智者的高明之处。

美国总统华盛顿曾经说过："世界上有三件事是真实的——上帝的

存在、人类的愚蠢和令人好笑的事情。前两者是我们难以理喻的；所以我们必须利用第三者大做文章。"

临场幽默是一种技巧，更是一种心智，它需要有冷静的头脑，保持从容镇定，不慌不忙。在晚会、文艺演出中，许多主持人、演员临场应变，妙语惊人，给晚会增添了欢乐气氛，也赢得了观众的掌声和喜爱。临场幽默贵在及时发现并抓住"触媒"，由此巧妙联想，得体发挥。

现代京剧《智取威虎山》里有这样一段戏：

在威虎厅里，土匪问杨子荣的暗语黑话，以试探这个胡彪的真假。土匪与杨子荣有这样一番问答：

"脸怎么黄啦?"

"防冷涂的蜡。"

"怎么又红啦?"

"精神焕发"。

这是符合剧本的。

但是，扮演土匪的演员问错了。他是这样问的：

"脸怎么黄啦?"

"防冷涂的蜡。"

"怎么又黄啦?"

这些台词，观众都能倒背后如流，不知道看了多少遍的现代京剧了。台上台下的人都替"杨子荣"捏了一把汗，看他怎么应对。

只听扮演"杨子荣"的演员不慌不忙回答"怎么又黄了"的问话："防冷又涂了一层蜡"。

这一巧妙的应对，引来台上台下一片欢笑。

这就是机智巧妙的临场应对。

这些幽默表面上看只是临场发挥，其实，平时多学习知识，多做积累，才会在看似没有准备的情况下妙语连珠，犹如泉涌。这就是所说的"问渠哪得清如许，为有源头活水来。"

另外，幽默感的形成不是一朝一夕之事，它要依靠生活经验的积累和实际操作时的不断练习才能形成。通过对国内外优秀的幽默大师们的模仿来积累幽默经验是一条可行之路，我们可以以他们为参照，从他们精彩的演讲或话语中体味形成幽默的各种关键因素，然后反观个人实际，不断改进，不断进步。这样，我们必定可以达到事半功倍的效果。

幽默大师们依靠自身充足的知识储备，常常让自己在幽默自己或者幽默别人的时候表现得游刃有余，常常在不经意间就可以迸发出许多幽默的火花。而这种看似"漫不经心"、自然而然的幽默正是幽默的最高境界，我们好好参悟大师们的这些精彩幽默，对于激发我们幽默的灵感是非常有帮助的。

第二次世界大战期间，英国首相丘吉尔访问美国，和美国总统罗斯福进行会谈。一天早晨，丘吉尔叼着大号雪茄悠闲地躺在浴盆里，其便便大腹正随意地露在水面上的时候，罗斯福就推门进来了。

这时场面非常尴尬，但是丘吉尔却神情自若地说："总统先生，我这个英国首相在您面前可是一点也没有隐瞒了。"接着两位首脑人物大笑起来。

这就是大师的智慧，不管多么尴尬之事就让其在弹指间化解，还能进一步增进与别人的友好关系。

超乎常人的智慧和机智不是每个人都能拥有，但这绝对是每一个培养幽默感的人努力的方向。向幽默大师学习，认真领会他们幽默话语中的真谛，吸取其中精华，寻找其性格的切合点，以形成自己的风格，是每一个希望自己幽默起来的人必须要做的事情。

幽默的背后是人对世界和事理的超出凡俗的深刻领悟。可以说，幽默是智者的权力。我们翻阅名人传记或逸事的时候，经常能够看到他们在生活中或在做学问上的幽默事例。苏格拉底的"隆隆的雷声过后必有暴雨"，钱钟书《围城》里的巧妙比喻等，都是他们的智慧在幽默中的流淌。

"三人行，必有我师"，善于向别人学习是"取经"最快的学习方法。尤其是向幽默大师学习，更是常有"听君一席话，胜读十年书"的感慨。可以说，幽默是智者的明信片，虚心学习别人的优点，吸取前人的经验，是提升个人幽默敏感度的一条捷径。相信，我们总有一天也可以成为一个大智者。

3.
幽默是豁达者前进的武器

幽默的心，最根本的是快乐的心。幽默者属于豁达主义者，能让人笑口常开，给人一种豁达向上的精神力量。在悲伤的时候，幽默不一定能让你快乐起来，但是它能够帮助你笑对人生，轻松愉快而又有意义地生活。

正常的人都想着活得越长越好，认为活着比什么都好，活着才叫过日子，生活的门再沉重也得打开。其实，生活总是一天比一天好的，快乐总是越来越多的。人常说，活着是一门学问，快乐地活着，就是一门艺术。而且人们总是怀念上一次的快乐，并期待着下一次快乐。即使下一次快乐不知道什么时候来，如果能怀着一颗幽默的心的话，就不会让自己等得太久。

高层次的快乐，是给别人带来快乐，是以帮助别人为快乐，就是常说的助人为乐。

有一天，上帝对一位传教士说："来，我带你到地狱去看看。"

他们走进一个房间，许多人围着一只正在煮食的大锅坐着，他们又饿又失望，每个人都有一把汤勺，但是汤勺的柄太长，食物没法送到自己的口里。

"来，现在我带你到天堂去看看。"上帝又带传教士进入另一个房间，这个房间与上一个房间的情境一模一样，也有一大群人围着一只正在煮食的锅坐着。所不同的是，这里的人看起来既快乐又饱足，而他们的汤勺与刚才那一群人的汤勺一样长。

传教士奇怪地问上帝："为什么同样的情景，这个房间里的人快乐，那个房间里的人却愁眉不展呢？"

上帝微笑着说："难道你没有看见，这个房间里的人都学会了用长汤勺喂对方吗？"

快乐是生活的赐予，每一个人都想拥有。但它借不着、买不到、偷不来、抢不去，要用好的心态、幽默风趣的技巧去经营它。

曾教授曾应香港的吴院长之邀去那里讲学，晚上又到了吴院长在太平山上的家里做客。在吴院长客厅里的方形柱子上，有一幅画，下面还配了四行诗。画了一个人骑了一匹高头大马，旁边是一个人骑了一头毛驴，再旁边是一个人推了一辆手推车。下面的四行打油诗是："人骑骏马我骑驴，仔细想来总不如。回头看见推车汉，比上不足比下余。"曾教授看后十分赞许。

这首诗虽然有安于现状之感，但对一个人调整心态，也是有一定意义的。

有一只老猫整日忧心忡忡、愁眉不展，想着自己的心事，它觉得自己是世界上最不幸福的猫。有一天，它看到一只小猫正转着圈追赶自己的尾巴，乐不可支。老猫问："你怎么这么快乐呢？"小猫说，"我的尾巴上有快乐"。老猫回到家，也转着圈追赶自己的尾巴，果然自己觉得很快乐。老猫恍然大悟，原来快乐全在自己的身上。

每个人都有许多这样快乐的"尾巴"。快乐是自己找的，自己制造的。我们可以认为快乐是清早起来的新鲜空气，是一顿丰盛的晚餐，是一个真诚的问候，是口渴时的一杯水，是酷热时的一阵风，甚至是一碗红烧肉；我们可以把快乐建立在自己和家人的事业成功、家庭和睦、身体健康上，还可以把快乐建立在社会的和谐上，建立在单位的发展上，建立在他人的成功上，建立在帮助他人的成功上。

在一场战争中，战败方的一位将军被炮弹夺去了左腿。他的勤务兵抱着他空荡荡的裤管失声痛哭，将军却泰然自若地笑着打趣："傻小子，以后你每天只需要擦一只皮鞋了。"勤务兵破涕为笑。

凤凰城著名演说家罗伯特说过："我发现幽默具有一种把年龄变为心理状态的力量，而不是生理状态的。"他还有另外一句著名的妙语："青春永驻的秘诀是谎报年龄。"他70岁生日时，有很多朋友来看望他，其中有人劝他戴上帽子，因为他头顶秃了。罗伯特回答说："你不知道光着头有多好，我是第一个知道下雨的人！"

幽默能让人笑口常开，从而能从一种豁达向上的生活态度中获得幸福的感觉。

有这样一则故事：

在一个小山村里，有一对残疾夫妇，女人双腿瘫痪，男人双目失明。春夏秋冬，播种、管理、收获……一年四季，女人用眼睛观察世界，男人用双腿丈量生活。时光如流水，却始终没有冲刷掉洋溢在他们脸上的幸福。

有人问他们为什么如此幸福时，他们异口同声地反问："我们为什么不幸福呢？"男人笑着说："我双目失明，才能完全拥有我妻子的眼睛！"女人也微笑着说："我双腿瘫痪，我才完全拥有他的双腿啊！"

这就是幸福，一种豁达的胸怀，一种左右逢源的幽默人生佳境！

拥有了这种胸怀和这种境界，心灵就犹如有了源头的活水，我们就能用心灵的眼睛去发现幸福、发现美。在我们眼中，姹紫嫣红、草长莺飞是美的，大漠孤烟、长河落日也是美的，我们甚至可以用心领会到"留得残荷听雨声"、"菊残犹有傲霜枝"的优美意境。

这就是豁达，这就是幸福。

如果我们像那对夫妇一样，抱着这种豁达的生活态度，去发现幽默，发现幸福，我们必然能生活在欢声笑语中。

拥有豁达的人生态度是幸福的支柱。而幸福是豁达要抵达的目的地，要想使自己幸福，就要首先具备豁达的精神、幽默的心态。

有一次，歌德的厨师从他家偷偷地拿走了一条鱼。恰巧歌德走出门来，他一眼就看到了厨师衣服底下露出的鱼尾巴。

"嘿，伙计!"歌德大声喊道。

厨师听到喊声，愣了一下，随即应声答道："先生，你还有什么事吗？你吩咐的事情我都做完了。"

歌德笑着说："伙计，如果你以后再想拿鱼的话，就请你穿一件长一点的大衣，要不然，你就拿一条小鱼好了。"

幽默是开朗豁达性格的体现，是对他人所犯错误的大度，更是不计较得失的豁达。亚里士多德就曾经说过："幽默发现正面人物在个别缺点掩饰下的真正本质。我们正是这样不断地克服缺点、发挥优点，这也就是幽默对人的肯定的力量之所在。"

在半夜时分有小偷光临，一般不会令人愉快，可是大作家巴尔扎克却与小偷开起了玩笑。

巴尔扎克一生写了无数作品，但还是常常穷困潦倒，手头拮据。有一天夜晚他正在睡觉，有个小偷爬进他的房间，在他的书桌上乱摸。

巴尔扎克被惊醒了，但他并没有喊叫，而是悄悄地爬起来，点亮了灯，平静地微笑着说："亲爱的朋友，别翻了，我白天都不能在书桌里找到钱，现在天黑了，你就更找不到啦!"

幽默显现了一种宽阔博大的胸怀。有幽默感的人大多宽厚仁慈，富有同情心。幽默不是超然物外地看破红尘，幽默是一种积极豁达的人生观念。

有些幽默不是以居高临下的超然态度来讥讽他人的愚蠢可笑，而是在嘲笑他人的同时，又倾注了对包括自己在内的人类可悲本性的哀怜，它是一种内涵复杂的表达。

还有些幽默不只是对眼前种种现象的发现和反应，而又与一种更为抽象的人生观念相关联。幽默引起的不只是哄堂大笑，有时还有苦涩的微笑或含泪的强笑。幽默以悠然超脱或达观知命的态度来待人处世。这与那种以功利观对待人生的态度是格格不入的。

将世事看得超脱的人，观览万象，总觉得人生太滑稽，不觉失声而笑，在这样的不觉失声中，笑不是勉强的。他们眼中的幽默，不管是尖刻，是宽宏，是浑朴，是机敏，有无裨益于世道人心，都能显现出洒脱自然。因为这尖刻、宽宏、浑朴、机敏无不是出于个人真性情，无不是一种自然而然的超脱与达观。

是的，我们要懂得寻找快乐。快乐是自己找的，并不是别人给的。只有学会幽默地调整心态，学会豁达地面对一切，生活就无处不美。

4.

幽默磨炼意志，激励前进

有句话说："适当的激励可以让平庸者变成天才。"这句话阐释了激励的神奇力量。激励是照亮前行之路的明灯，在充满险滩暗礁的人生道路上引导人们向光明的方向前行。幽默的人懂得，失败是成功之母。用幽默来面对困难和挑战，可以激励人们在逆境中催生斗志，可以在顺境中让人更加奋发图强。

自我激励是成功的重要前提，在面对挫折和困难时，以幽默的方式自我激励，可以增强自信心，在奋斗的途中更加勇气十足。

爱迪生在发明白炽灯的过程中，试验灯丝的材料失败了1 200次，总是找不到一种能耐高温又经久耐用的好灯丝。这时有人对他说："你已经失败1 200次了，还要试下去吗？"

"不，我并没有失败。我已经发现1 200种材料不适合做灯丝。"爱迪生幽默地说。

这句话后来被人们所熟知，爱迪生的言语之中洋溢着乐观与幽默，他既不为失败而心烦意乱，也不为世人的讽刺挖苦而沮丧不安。相反，爱迪生正是以这种屡败屡战的精神来激励自己面对科学研究事业中的重重障碍，从而发挥出卓越的创造力，成为举世闻名的大发明家。爱迪生就是以一种惊人的幽默力量，从失败中看到希望，在挫折中找到鼓舞，这就是这个伟大的发明家百折不挠、硕果累累的诀窍。有时候，面对失败，我们的意志和信心可能会滑坡，而适时的幽默可以帮助我们避免这一点。

获得工作上的成就和事业上的成功要具备很多条件，但幽默有助你改善与他人的关系，促进成功，则是一个不争的事实。

在事业与工作路途上获得成功，往往会遇到许多障碍，必须付出代价。如果让你担任领导，与他人交往，处理众多的人事问题要比发挥个人的才能困难得多，除了自己有献身精神外，你还得不断鼓舞众人的士气，帮助大家解决工作上的困难，取得大家的信任和拥护。否则的话，你就会一事无成。幽默的力量在此时是可以帮助你接受挑战，并且在实践中获得成功。它能告诉你怎样轻松对待挫折和失败，怎样和众人沟通。它会帮助你重新点燃追求成功和胜利的勇气，不好高骛远，不心灰意冷，克服一切困难，挽回劣势。

著名的足球教练罗克尼，曾在一场比赛中运用幽默的力量，使他的诺特丹球队反败为胜。球赛进行到上半场结束时，罗克尼的球队落后威斯康星队两球。他在休息室中一直保持缄默，直到要上场比赛时，他大喊道："好吧，小姐们，走吧！"一句话逗笑了全体队员，也传达了对球员婉转指责和批评的信息。他以幽默的力量重振球员的士气，帮助他们忘记艰难的处境，甚至他的幽默还帮助球员们克服了这种困境。终于，诺特丹队以3∶2赢了这场球。

拥有幽默力量并能加以利用的人永远充满活力，他会以非凡的能力来向工作和生活中的各种困难挑战。

幽默的人相信失败是成功之母。失败和成功在一定条件下是可以相互转化的，正因为曾经有失败，所以才能在不断地总结失败的教训后获得成功。如果一个人一直都被成功包围，那么，偶尔一次小小的失败对他来说可能就是一次相当残酷的考验。

有人网球打不过他的朋友，他就幽默地对他的朋友说："我已经找出毛病在哪里了，我的嗜好是网球，可我却到乒乓球俱乐部里去学习。"

这种幽默不是自欺欺人，也不是要我们像鸵鸟一样在看到危险的时候把头埋进沙子里，这种幽默可以有效地防止我们的意志滑坡，还能在会心一笑中拉近我们同他人的心理距离。

人生路上，总会有些不如意，总会有些无奈。如果在生活中能够多用幽默，多一些笑容和轻松，多一点生活的趣味和调侃，我们的人生就没有什么克服不了的困难。

有一次，当林肯在演说时，有听众当众要他下台。这时林肯微笑着说："谢谢各位的支持。我等一会儿再下台，因为我才刚刚上台呀。"

林肯的话让听众大笑，他们鼓掌支持林肯。林肯靠自己的毅力，终于反败为胜，赢得了听众的友爱和信任。

一个人只要懂得了如何去运用幽默，就能够坦然面对异常复杂、暗波汹涌的人生。幽默的言谈，在一个人在面临困境时，可淡化人的消极情绪，让我们笑对人生中的苦难。

在这个世界上，我们都挑着不同的人生重担，走着不同的人生道路，同时，我们的人生观指导着我们以不同的方式来看待人生，看待我们身上的重担，看待我们所认识、所遭遇的每一个人和每一件事，并看清我们自己是什么样的人，在生活中扮演什么样的角色。如果要从中寻找出一个正确的、固定的模式，那便是以幽默面对困难重重的人生，以超然的态度对待人和事，磨炼自己的意志，宠辱不惊，贫富不移。幽默，最重要的是帮助我们解除工作中的紧张状态，帮助解决生活中的难题。

在一个大城市的市郊，有一个颇具规模的化工厂，该厂终年生产一种化学产品，从烟囱里排出了大量的烟尘，使临近的几家企业饱受其苦。该厂在一次连续加班生产的时候，隔壁一家工厂的厂长半开玩笑地说："你们生产这么忙，如何处理这些烟尘呢？"化工厂的厂长也半开玩笑地说："我们打算将烟囱加高二分之一，与此同时，我将还向包装厂订制一个特大的塑料袋，并用直升机把袋子吊到烟囱的上空罩下来。"两位厂长各自幽默的话语，使他们互相取得了谅解，一道哈哈大笑起来，紧张的心情便渐渐地舒展开来了。

当我们跟别人开玩笑，同别人一同笑的时候，幽默就在互相之间得到了交流。我们应当把轻松愉快、诚恳坦率、同甘共苦的态度送给他人。只要我们稍稍留意，就会发现我们的工作中存在着许多不易为人察觉的幽默故事。在工作中，有时我们需要肯定地坚持自己的观点，过分的忍耐对工作并没有好处，所以除知道息事宁人之外，在某种情况下适当地抱怨几句，对解决问题更有利，特别是你心中憋着一大堆话时，当然不要忘记采用幽默的方式。

幽默交流应当有利于工作的进展，否则就是无聊的玩笑了。明智的人是会注意将幽默引向促进工作的轨道上的。

的确，在漫长的人生道路上，每个人都难免会与逆境狭路相逢。很多人畏惧逆境带来的动荡和痛苦，但从长远看，时常有些小挫折，倒是更能使人保持头脑清醒，经受得住考验，也更能磨砺人的意志。尤其是要学会用幽默来磨炼自己的意志，激励着自己摆脱困境。

5.

幽默让生活变得绚丽多姿

幽默，让生活变得绚丽多姿。我们的生活是由许多元素组成的，这些元素的组成让我们生活充满色彩，使得生活不再单调。这些元素有很多，幽默就是其中调节气氛的一种元素，这种元素可以让我们的心情更加愉快、舒畅。

幽默，它是无处不在的，需要我们细心去观察。

幽默可以让人的生活变得绚丽多姿，也能让人觉得生活中充满太多的欢言笑语。我们都看过一些笑话，一些杂志也会刊登一些幽默笑话，让我们在欣赏美文的同时，也能享受到快乐。许多载体都可以传播幽默，不仅仅是杂志、电视，广播也可以传播。有一段时间某个电台的《笑不笑由你》，这个节目的主持风格完全是以幽默为主的。从中发现幽默的魅力有如此之大，笑声可以让人变得年轻，这让我们不由得想起"笑一笑，十年少"这句话。

每个人都需要拥有幽默，虽然我们不能成为喜剧大师，但我们可以用幽默让我们的生活更加丰富多彩，大家对卓别林不是很陌生，他的喜剧电影让每个观众都捧腹大笑，他的滑稽动作，幽默的面部表情征服了许多观众，可以说是文艺界演员们心中的最高的偶像。

幽默和生活是分不开的，生活中的幽默是无处不在的，只要我们去细心去观察，去寻找。它可以让我们的生活更加绚丽多姿，但它又不是每个人都可以拥有的，喜欢幽默的人，往往把幽默当成自己生活中的一部分，说的每一句话都蕴涵了许多哲理，他们把这些哲理用诙谐幽默的语言表达出来，让他的听众在快乐的心情中体会生活带给我们的哲理，也许这就是幽默所焕发出来的一种魅力吧！

幽默可以让我们在低沉的时候，让我们的心情更加舒畅起来，这样我们的生活才会变得丰富多彩。

在生活中，偶尔来点新玩意儿，耍耍新花招儿，说些俏皮的话，博得众人哈哈一笑，这些都称不上幽默。生活中懂得幽默的人，通常也是有智慧的。他不会拘泥于生活的种种常规之中，能以别样的眼光看待人和事，从新的角度来发现事理，能在恰当的情境下，根据需要，脑子一转，运用幽默，并收到意想不到的效果。一位教授在做讲座时，看到会场上传来的一张纸条上写了"王八蛋"三个字，愣了一下，随即微笑着说道："这位先生很粗心啊，居然只署了名，却忘了问问题。"

有一位幽默沟通专家，借用朋友的豪华别墅庭园办了一场朋友聚会，活动即将开始时，助理焦急自责地跑来跟他说："我去购买苹果时不知道什么时候掉了一袋，剩下的可能不太够用，这里又离市区那么远，怎么办？"

专家没斥责她，仅轻声地问："有没有哪一种准备多一点的？"助理说："小点心准备得很多，应该还会有剩下。"专家于是拍了拍助理的肩膀安慰她说："没关系，有我呢！"

宴会开始了，大家都看到前头的苹果盘前放了一个小牌子，上面写着："上帝正在看着你，请别拿太多了！"大家不禁莞尔一笑，走到后头又看到放小点心的盘子前也立了一个牌子，上面写："不要客气，要多少拿多少，上帝正忙着注意前面的苹果呢！"来宾们都呵呵笑弯了腰，结果这场聚会宾主都尽兴无比。

只要稍微动动脑，人生无处不幽默，人生无处不欢笑。

人生就像一张白纸，我们可以很开朗地在这张白纸上画出美丽的色彩，也可以很阴郁地画出沉闷的黑色基调。只要敞开信念、乐观积极，就能画出缤纷多彩的人生，相反的，如果只是自困于黑色框框里，就会限制自己的快乐成长。

我们应该做生命的主人，要积极求新求变突破黑框框，学会运用幽默，这样，人生才会转化为多彩多姿的"彩色人生"。

法国哲学家伏尔泰有一个很忠实的小仆人，可他有点懒惰。一天，伏尔泰对他说："儒塞夫，去把我的鞋拿来。"仆人赶忙殷勤地把鞋拿来了。伏尔泰一看惊呆了：鞋上仍然布满着昨天出门时沾的泥迹尘埃。他问道："你早晨怎么忘记把它擦擦？""用不着，先生。"儒塞夫平静地回复，"路上尽是泥泞污浊，如果我把鞋擦干净了，那么，两小时以后，您的鞋不又要和现在一样脏吗？"伏尔泰微笑着走出门。仆人在他身后跑步追了上来，喊道："先生慢走！钥匙呢？""钥匙？""对，食橱上的钥匙。我还要吃午饭呢。""我的朋友，吃什么午饭呢，两小时以后你也将和现在一样饿嘛！"

仆人对主人服务不周，当然会引起主人的不快，主人往往会训斥仆人。然而，伏尔泰却以微笑和幽默对待此事，将不愉快之事变得轻松，而且使仆人在笑声中得到教育。伏尔泰真可称得上是幽默家。

将事情化小，确实是日常生活中运用幽默力量的好方法。面对生活中可能引起麻烦的事情，我们借助于幽默，共同欢笑一场，就能把这麻烦放到适当的位置而不至于过分忧虑和不悦。以轻松的态度对待麻烦，共享欢乐，会使麻烦同整个生活相比之下变得不那么重要。

美国石油大王约翰·洛克菲勒是世界有名的富翁，也是一个十分幽默的人，但是，他在日常开支方面却很节约。一天，他到纽约一家旅店投宿，要求租一间最廉价的房间。旅店的经理说："你为什么选择这么廉价的小房间呢？你的儿子来住宿时总是选择最贵的房间。""没错，"洛克菲勒说，"我儿子的父亲是百万富翁，我的父亲却不是。"

洛克菲勒就是这样以幽默来对待生活。在生活中，如果人们能常以幽默来对待各种事情，如在寒冷、炎热、潮湿的令人难熬的日子里，说上几句逗人开怀的笑话，肯定能振作大家的精神。

生活是绚丽多姿的，只要我们的想象力和创造力不被一些框框所束缚，就能借幽默的力量，给生活注入兴奋剂。

职来职往：
幽默是快速升职的完美动力

　　如今社会竞争激烈，工作压力增大，一切都变得纷繁复杂，人际关系也变得越来越微妙。其实，不妨给工作加点轻松的调料，以幽默来表达你的观点，在笑声中向上司提建议，幽默地和同事们相处……工作中有幽默相伴，使工作多一些快乐，多一些笑声，让升职多一些完美的动力……

6.

面试——幽默顺闯第一关

针对应聘面试，很多求职者都会很紧张，都认为那是非常严肃正规的场合，不可视为儿戏。其实，越是在这种非常严肃、紧张，决定前途的面试中，越是应该自然和大方，并且也可以幽默一下。为什么这么说呢？虽然能力的高低是重要的决定因素，但高明的推销方法则往往是成功的关键。有些人颇具才华，但却不能给人好的印象，而有些人在自我推销的过程中加入了幽默的成分，便收到了事半功倍的效果。学会推销自己并非一句空洞的说教，推销自己的过程，其实就是一次全面展示自己幽默、才学、品行、智慧的过程，这是无法临时抱佛脚去应付的。可以说，幽默是求职者提交给招聘方的个性名片。要想顺利地闯过职场第一关，适当地幽默就可能在众多竞争者中遥遥领先。

一位求职者来到麦当劳。在面试的时候，对方一脸严肃，问到："我看过你的简历，你以前并没有在餐饮业供职的经历。请问，你为什么会选择来我们公司？"

求职者微微一笑，开口唱道："更多选择更多欢笑，就在麦当劳！"

老板先是一怔，接着就笑了，随后问了他一些对麦当劳有什么了解之类的问题，就录用了这位求职者。

一个完全没有相关行业经历的求职者竟然清唱一曲就可以在麦当劳谋职，这并非无稽之谈。细细品味之余，我们不难发现其中的玄妙。这一句家喻户晓的广告词达到了一举四得的效果：其一，化解了老板尖锐提问所带来的紧张，让气氛更加轻松；其二，回避开这个最难回答得圆满的问题；第三，言简意赅又不落俗套地回答了对方的问题——因为贵企业能给我更大的选择机会，在工作中我会感到的快乐；其四，向面试者传达了这样一个信息——我是个有心人，我关注贵企业，更认同你们的企业文化。

而应聘时，使用幽默的关键在于与众不同，而不能人云亦云，否则则难以脱颖而出。一位应聘者接受某体育杂志编辑的面试时，出现了一段精彩的对话。

招聘经理问他："评价一下罗纳尔多和乔丹，你认为他们哪个更优秀？"

这位应聘者虽然是个体育爱好者，但并非是这两位的"粉丝"，所以很难说出对他们的评价，于是，他没有直接回答，而是幽默地说，"我觉得他俩都没我厉害！"说完便露出了得意的神色。

"哦？"招聘经理非常诧异，露出了期待下文的表情。

"我想如果罗纳尔多跟我比赛打篮球，乔丹跟我比踢足球，我一定能赢了他们！"应聘者边说边配合着握拳的手势。

这位经理接纳了这位应聘者，原因很简单，应聘者独辟蹊径的回答虽然有点诡辩的嫌疑，但确实与众不同，并透出了无限的智慧，关于"关公"与"秦琼"，本是无法决出高低胜负的，应聘者巧避锋芒，从另一个角度得出了一个让人意外的结论，吸引了招聘者的注意，同时又让自己占据了主动地位，自然而然解释出其中的缘由，展现出自己的自信和机智。在众多规规矩矩的作答中可谓独树一帜，必然获得招聘者的青睐。

在一次电视台主持人招聘面试中，考官问一位前来面试的女大学生："三纲五常中的'三纲'指什么？"

这名女学生颇为自信地顺口答道："臣为君纲，子为父纲，妻为夫纲。"

她刚好把三者关系颠倒了，引起了众多考官的窃笑。一个年长的考官善意地提醒她："说反了吧，放松些，不要太紧张。"

女学生镇定自若，不苟言笑："没反呀，我指的是现代社会新'三纲'，我们国家人民当家做主，人大代表的意见最重要，当然是'臣为君纲'；众所周知，计划生育产生了大量的'小皇帝'，这不是'子为父纲'吗？现如今，"半边天"的权利逐渐升级，'妻管严'、'模范丈夫'在社会上广为流行，难道不是'妻为夫纲'吗？"

这位女学生机敏幽默的回答，征服了所有考官，最终使她顺利通过了面试。

由此看来，在面试的时候，适当地运用幽默何其有用，它不仅可以让一场陷入困境的面试得以延续，还有可能让招聘方忽略你先前笔试或是其他条件如学历、专业上的不足。

一位刚大学毕业的年轻人去一家外企应聘工作时，接受一项测验。面对众考官的问题，他对答如流，最后，考官们递给他一张纸，上面是一道一句话的翻译题，里面有许多他从未见过的英文单词，他停下来苦思。

最后，这位大学生写下了他的答案："这句话的意思是我最好到别处去工作。"说完，他对着考官们耸了耸肩，一脸无奈的表情。众考官均被他的幽默所感染，为他亮了绿灯。

可见，在面试的过程中，即使是遇上了专业知识上的难题，也不表示你已经失败，相反，如果你能够"死马当成活马医"，使用幽默的技巧背水一战，说不定就能扭转乾坤。

有些时候，在面试的过程中运用幽默的技巧，可以起到画龙点睛的作用。想在众多的竞争者中脱颖而出，富有创意的思想加上幽默的力量是必不可少的条件，恰到好处的幽默往往能够使应聘者得到认可。创造力加上幽默的力量，可以让我们更有弹性地去处理事情。

适度的幽默就像是一根闪着金光的魔杖，轻轻地挥舞着它，能够引领你走进理想的职场。

面试是求职者面临的第一道难关。面试能否打动对方，取决于求职者的语言表达能力。此时的幽默就像是一块敲门砖，能助你打开成功的大门。

在求职面试时，采用幽默的方式向用人单位介绍自己，就能给人留下深刻的印象，并使他们从一开始就对你有了相当程度的好感。

在面试时，要想轻松地做自我介绍，关键是要把握好幽默的尺度，出了失误，又给对方留下了选择的余地，给批评裹上了幽默的外衣，不但没有引起上级的反感，相反还得到了上级的好感，拉近了彼此的关系。

的确，求职找工作对于很多人特别是年轻人来说是件非常紧张的事，要在短短的几十分钟，甚至是几分钟之内表现出自己的独特的优势的确不容易。外加上招聘方的严阵以待，多少会增加应聘方的压力，许多人都觉得，应聘时要尽可能地正式和严肃才能给对方留下好的印象，而事实上，适当的轻松和幽默言语，不仅使自己放松，还能缓解紧张的气氛，更能让使考官对你留下深刻的好印象。所以，在求职过程中灵光乍现的幽默，不仅能够博得老板会心一笑，让求贤若渴的他发现你的睿智，更能够让他体会到你的可塑性。这样一来，你成功被录用的机会就会大大增加了。

7.

幽默是职场攀升的助推器

想在职场快速攀升，肯定会遇到很多机遇，同时也会遇到很多压力。如果你能巧妙地运用幽默，就可以帮助你在职场取得成功。幽默是获取成功的重要武器，也是职场成功人士必备的装备。不论你从事什么职业，幽默的言谈都能助你一臂之力。拥有了这种能力，你就拥有了一部所向无敌的事业"推进器"。所以，只有每天都用心撰写幽默的脚本，才能创造良好的工作条件。

幽默在职场生活中起着非常重要的作用，例如以下这个古代的小故事。

有个知县想要陷害一名衙役，限他三天内买一百个公鸡下的蛋，否则就要将他革职查办。

到了第三天，衙役也没有买到公鸡下的蛋，就在家中放声大哭。他的妻子问明情况，安慰他说："你不用着急，我去应付知县好了。"说罢，赶到县衙，大声击鼓喊冤。

知县升堂，问明是衙役的妻子，喝问道："你的夫君为何不来？"妻子说："大人，我的夫君正在家里坐月子！"

知县怒吼道："你在这里胡说什么！哪有男人坐月子的？"

妻子反问道："既然男人不能坐月子，那么公鸡又怎么能下蛋呢？"

知县无言以对，不再难为衙役。

这个小故事说明，如果在职场中遇到棘手的问题，或者是刁难的上司，可用幽默的方式来解决。

在某大型航空公司的一次会议上，大家正在讨论要不要将新型喷气引擎装在逾龄的飞机上。有人赞成安装，有人反对安装，双方争论得非常激烈，时间已经过了两个小时，也没有一个结果。

最后一个工程师站了起来，他说："我觉得，这些老飞机就像是我们的老祖母。为老飞机安装新引擎就好像替老祖母美容，虽然在金钱方面可能会很浪费，也可能不浪费……但是不管结果如何、花费的金钱多少，老祖母一定会觉得很开心。"事后这位工程师被提升为主管工程师。

从风趣的言谈中，可以体现一个人的能力和智慧。将这种技巧运用到工作中，你将会取得更大的进步。

一个在职场中左右逢源的人，必定是一个风趣诙谐的人。在职场中，不论你从事什么工作，无论你是老板还是下属，幽默都能为你的工作创造价值。美国石油大王洛克菲勒是一个幽默风趣的人。

一天，一个职员对洛克菲勒说："经理，我们公司有一笔五千美元的欠款到现在也没有讨回来，因为从前我们公司和借款者的交情不错，所以当时没有签署正式的借据。现在看来，想要控告他欠款也没有证据了，我该用什么办法讨回这笔借款呢？"

洛克菲勒回答道："这个嘛，很简单，你只要写一封信，催他还一万美元的借款就行了。"

职员说："可是，他只欠我们五千美元呀！"

洛克菲勒微笑着回答："当他回信向你辩解时，你就有证据了。"

职场中不乏不合理的现象，我们不妨采用幽默的方式面对，让我们工作得更快乐。

大多数上司都是很有文化的人，想要拉近与上司的距离，就要在语言上多下一些工夫。一般来说，幽默语言的效果应该不错。

职员："经理，您实在是爱好工作的人！"

经理："我正在玩味这句话的含义。"

职员："因为您一直都紧紧地盯着我们，看我们是不是正在工作。"

职员通过与经理开玩笑，不经意中就拉近了与经理的距离，何况经理也是一个幽默的人。与上司开玩笑还要注意把握好时机。最好时刻留意能够与上司面对面谈些风趣的俏皮话的机会。比如两人并列在一起等电梯或者在洗手时遇到。另外，幽默地"冒犯"上司也是拉近双方距离的好办法。

工作太累的时候难免会偷懒，这时如果被老板看见了，你该怎么办呢？

有一个建筑工地的工人在搬运东西，每次只搬一点。

工头："你在做什么？你看别人每次都搬那么重的东西！"

工人："嗯，如果他们要懒到不像我搬这么多回，我也拿他们没办法。"

幽默的回答，工头也被逗笑了。

工人以幽默的口气为自己的偷懒行为辩解，工头即使会批评他，也会比较随和，责罚也会比较轻。

如果你能够微笑着对老板说话，你的老板也必会露出会心的一笑。而就在你表现出沉着的大家风范时，就正好有机会使老板改变对你以往的错误观念。让你的老板笑口常开，你的工作就能进行得更加顺利。

对于职场人士来说，最大的苦恼莫过于工作努力却得不到升迁。要获得快速升迁，首先要把工作干好，甚至做得十全十美，不能让领导觉得你是一个没用的员工。但是，只知道埋头苦干也不见得就会得到领导的赏识。

对于上述问题很苦恼的人或者想有一番作为的人，可以试试在领导面前化严肃为风趣的交流方式，说不定效果出人意料。

某公司开始实施销售业绩倍增计划时，主管召集下属严厉地训话：

"各位，现在是我们加油的时候了。从明天开始，早上七点半大家就要到这里集合。八点钟一响时，大家就要立刻向外去推销！"

大家都不满地抱怨时间太早。

这时有位凡事讲求效率和正确性的员工，不慌不忙地反问道："请问……是时钟开始敲八下时，还是敲完八下才往外跑？"

主管过于严格的要求可能会招致他人的不满，这时上面这位聪明的员工就使用幽默的语言把众人的注意力转移到自己的身上，使尴尬紧张的气氛重新轻松下来。员工的这个幽默既帮了主管的忙，又使主管看到他较强的时间观念，从而使他获得主管的赏识。

崔晔在一家外资企业工作，他是一个非常有才华而且富有智慧的人。有一次，他接连两次提出的建议都被公司主管采纳了。很快，这两个建议就使公司的销售业绩分别提高了20%和12%。

公司老板非常高兴，鼓励张明说："继续加油干，我不会亏待你的。"崔晔听了老板的话，很开心地说："您就放心吧，我相信您会让这句话放进我的薪水口袋中的。"老板会意地笑了，爽快地说："会的，一定会的。”不久，崔晔如愿以偿地加了薪。

崔晔巧妙地用寓庄于谐的言语轻轻松松就让老板的鼓励变成了实实在在的钞票。他能够达成自己的愿望，就在于他成功地将加薪的严肃问题变成了非常俏皮的玩笑话。

由此看来，幽默的确是职场攀升的“助推器”。

幽默可以化解工作中的困境

在工作中，总有一些难以对付的困难，犹如压在我们心上的“块垒”，比如对付难缠的客户，应付纠缠不清的同事，讨好斤斤计较的老板等。工作是我们赖以生存和发展的手段，我们不可避免地要面对这些“块垒”，但这同时也正是考验我们工作能力的时候，其实只要凭借我们的聪明才智，化繁为简，迎难而上，什么事情都可以幽默轻松地搞定。

不管是在人事变动时被派到分公司，或转任较低职位的工作，都无须气馁颓丧。因为世事变化无常，就算被分至分公司或转任较低的职位，也是培养实力的大好机会。

某公司的职员被外调至分公司服务。决定人事变动的经理以安慰的口吻对他说：“喂！你也用不着太气馁，不久以后，我们还是会把你调回总公司来的！”

那位被调的职员以第三者旁观的口气，毫不在乎地说道：“哪里？我才不会气馁呢！我只不过觉得像董事长退休时的心情而已。”

这才是一个能做精神上深呼吸的人，面对外调，他不气馁，他懂得靠幽默来调节自己，从而能够使自己以良好的心态投入新的工作中去。面对工作中的困难，我们除了要调节好自己的心态外，还能通过运用幽默与人分享欢笑，寻找一个共同的目标方式，来帮助我们在工作中取得他人的支持，从而摆脱工作困境。

卡普尔担任美国电话公共公司的最高行政主管时，有一次主持股东大会，会议中大家情绪非常激昂。会议的紧张气氛随着大家对卡普尔的质问、批评和抱怨而升高。

其中有一个女人不断质问公司在慈善事业方面的捐赠，她认为应该多些。

"公司在去年一年中，用于慈善方面有多少钱？"她带着挑战性地问。卡普尔说出有几百万时，她说："我想我快要晕倒了。"

卡普尔面不改色地说："那样好些。"

最后，随着会场中大多数股东的笑声——包括他的挑战者们，紧张的气氛终于轻松下来。

卡普尔将看来似乎敌意的幽默，转变为人性的力量，化解紧张的一刻，解除大家焦虑的心情。

面对挑战者，卡普尔幽默地表达了重要的信息："我们的企业是人性化的，我们应该关心他人，关心社会慈善事业。"这样，就使挑战者认识到自己的自私和缺乏人情味，也使卡普尔得到了其他挑战者的理解和支持，从而顺利摆脱工作的困境。

不论你从事的是什么行业，不论你是个生手或熟手，老板或属下，幽默力量都能帮助你与他人的沟通和交往，帮助你解决工作中的问题并顺利渡过困难的处境。

工作中，面对自己的成就不能骄傲自夸，这会拉开你和别人的距离，使自己站在了所有人的对立面，这时不妨运用幽默，调侃一下自己的光荣和优点。

1950年，当布劳先生被任命为美国钢铁公司董事长时，有人问他对这个新职位的感想。他不愿表示兴奋，也不准备庆祝一番。

"毕竟，"布劳先生说，"这不像匹兹堡海盗队赢了一场棒球。"布劳先生幽默以对，显示出他为人不骄傲不自夸，能以新的眼光看待自己的荣耀，强化了自我形象，也更能赢得别人的尊敬。

我们认为"谦虚是美德"，并不是说凡事都要过于谦让，不与人争。在靠着自己的才能取得工作成绩时，我们一方面要强调那只是"幸运"或"大家的帮忙"，另一方面也要用委婉的方式表明自己的努力也是取得成功的关键。必要时，甚至不妨幽默地吹嘘一番。

一位外语能力很强，兼通各国语言的人，他可以很幽默地自夸说："我可以用英语、法语、德语、西班牙语来保持沉默，可是一旦有话要说，则只说英语。"

乍听之下，好像他说的仅仅是很谦逊的话，事实上他幽默的话语中却充满着自信的自我宣传。有时候，对于工作成绩非常明显的人来说，即便是幽默的自我夸耀也是不必的，因为，他所做的一切都早已经在别人的眼里和心里了。这时候，他可以通过批评自己工作中的小失误的幽默方式来表现自己的谦虚，赢得员工、同事、上级等人的好感。

亨利在 26 岁时，担任了福特汽车公司的总裁，以前公司亏损严重，他上台后大胆变革，扭亏为盈，虽然工作中也有许多小失误，但最终还是取得了很大成绩。

有人问他，如果从头做起的话，会是什么样子。他回答说："我看不会有什么非同寻常的作为，人都是在错误和失败中学到成功的，因此，我要从头来过的话，我只能犯一些不同的错误。"

亨利回避问话者的语言重点，故意避开自己的成绩不谈，反而拿自己在工作中的失误做谈论的话题，给人谦虚和平易近人的感觉。

当然，还要注意，面对工作成就，当你以幽默的方式表达出来的谦虚应该是一种发自内心的、真诚的表达。

小秦的上司是一个女老外。一天，小秦不小心把刚买的西餐打翻在地毯上。女上司异常激动，立即叫小秦清理干净，并不停地说如果清理得不干净的话蟑螂会袭击她的办公室。

正在打扫的小秦抬着头望着她，并微笑地说："经理，放心，这种事不会发生的，因为中国的蟑螂只爱吃中餐。"上司的脸色顿时放晴，心情一下子顺畅了。

像小秦这样看准时机幽默一下，结局总是快乐的。当然在幽默的时候也一定要看清对象，要因事而异。只有多了解各种文化背景或职场习惯等有效信息，才能讲出让上司容易接受的幽默之语。在一些正式场合，遇到一些不好解决的工作难题之时，一个适时的幽默也可以让人们稍微放松一下，以一个更好的心态去继续解决问题。

总之，工作中，我们有成功的欢乐，也有失败的酸楚；有晋职的喜悦，也有加薪的愉快。但更多的是人际关系的不协调，上下左右的不相容。如果学会运用幽默，我们的工作肯定会一帆风顺，卓有成效。因为笑从口出，人们的思绪也随着笑而更加敏捷，从而更能够帮助人们解决问题。多幽默一些吧，这样可以让我们的职场生涯更快乐、轻松，也可以帮助我们完成一些难以完成的工作，从而让我们把工作做得更加得心应手。

9.

用幽默式提醒，上司更赏识

常言道：金无足赤，人无完人。上司也会有失误，但是员工还要顾及上司的面子并树立上司的权威，同时也不能看着上司的失误而不去更正。那这个时候该怎么做呢？美国人力资源管理学家科尔曼说过："职员能否得到提升，很大程度不在于是否努力，而在于老板对你的赏识程度。"所以说，如果能巧妙地向上司指出其错误，那么得到上司赏识进而升职加薪就不远了。

在现代职场中，很多职员工作都非常努力，却得不到升职和加薪的机会，有的人穷其一生，却未能真正实现自己的人生价值。究其原因，固然有个人才能的因素，但是其中不可否认的一点是没有得到上司的赏识。这也是现代职场中很多年轻人苦恼的根源。这时，不妨试试幽默，幽默对调整上下级关系向着更为亲和的方向发展有着微妙的作用。运用得当，可以消除彼此间职位等级上的隔膜，让关系更为亲近。大凡有心的人，都懂得运用这一技巧。

汉武帝以前一直相信自己能够长生不老。一天，他对大臣们说："朕最近刚看了一本相书，上面提到：如果一个人鼻子下面的'人中'越长，就证明他的寿命越长；假如'人中'有一寸长，这个人就可以活到一百岁。这种说法不知是真是假？"

东方朔当时在场，心想皇帝肯定又在做长生不老之梦了，嘴里就不自觉地"哼"了一声。汉武帝面露愠色，喝道："你怎么笑话我？"东方朔忙恭恭敬敬地答道："微臣不敢，臣是在笑彭祖的脸太难看了。"听了这话，汉武帝不禁大笑起来。

彭祖是传说中的养生家。据古代典籍记载，他是颛顼的玄孙，相传他历经唐虞、夏、商等代，活了八百多岁。东方朔只是简单地向汉武帝提及彭祖，就很风趣诙谐地让汉武帝在一笑中认识到了自己的一些荒谬想法。

多数上司都是聪明人，下属在指出其错误之时，多用一些像东方朔一样的含蓄的幽默就可以很有效地达到自己的目的。这种寓言于笑的说辞，既可以让上司听起来顺耳，很容易接受，又可以让上司对自己的失误有比较深刻的印象，从而能够产生更为深刻的反思。

有一家公司在六月份的销售额很差。在月底会议上，公司主管大发脾气，对销售员们大加指责："就你们这种工作水平，怎么在市场上混？如果你们无法胜任这项工作，会有人替代你们的！"说完，他又指着一名刚进入公司的退役足球队员，问道："假如一支足球队无法获胜，队员们都得被撤换掉。是不是？"一阵沉默过后，这位前足球队员回答道："主管，一般情况下，如果整支球队都有麻烦的话，我们通常要换个新教练。"

对于销售额极低的事实，这位主管不但不主动从自身找原因，还大声呵斥下属，这对下属们来说是很不公平的，因此当主管把他故意责难下属们的问题抛给这位信赖的员工的时候，这位员工顺势间接地用自己以前的经历来做比喻，巧妙地指出了主管的不足，从而让其对自己的行为有所反思。如果他选择直接反驳主管的话，不但很可能起不到任何作用，甚至还有可能让下属和上司之间的关系更加僵硬。

有一次，马克在华盛顿国家剧院演出，美国总统柯立芝也前来观看。

不料演出刚过一会儿，马克就看到柯立芝开始打盹了。马克停下歌唱，走到总统前面，说道："喂，总统先生，是不是到了您睡觉的时间了？"

总统睁开眼睛，四下里望望，意识到这话是冲着自己来的。他站起来，微笑着说："不。因为我知道我今天要来看您的演出，所以一夜没睡好，请继续唱下去。"

这则幽默对话，表现了演员的直言不讳和幽默，也表现了柯立芝总统所具有的幽默感。演员根本没有开罪总统，相反，倒成了总统的好朋友。由此可见：幽默使用得适时适度，往往能够拉近与上司的距离，赢得上司的理解和信任。

小演员马克和柯立芝总统之所以能够成为朋友，完全归功于"冒犯"式的幽默，是"冒犯"改变了以往幽默只有在同辈或者平级关系才出现的性质，而是在上下级之间进行的，从而将彼此的关系变得亲近。虽然看似"冒犯"，却是有名无实的，内容上其实已经抽掉了里面的侵犯性内容，带有了更多的调侃、自嘲、戏谑等幽默性成分。所以，与其说是"犯"，还不如说是"亲近"来得恰当。

在职场中，由于所处立场、知识结构、教育背景、观察角度等的不同，上下级之间产生意见不合的情况在所难免。这个时候，作为下级隐忍求全未必可取，据理力争也不见得高明，最明智的办法是把自己的意见充分地表达出来。而怎么表达就是很重要的了，幽默地发表意见是一个上佳的策略。

《资治通鉴》中记载了这样一个故事：

宋太祖在臣子张思先面前说过大话："因你这次为君为国做出如此重大贡献，我决意让你官拜司徒。"

张思先左等右等总不见任命下来，可是又不好当面质询，这会让皇帝面子上不好看，也可能此事就吹了。左思右想，只能幽默一下，来个皆大欢喜。

有一天，张思先故意骑一匹奇瘦之马从太祖面前经过，并惊慌下马向皇帝请安。皇帝问道："你这马匹为何如此之瘦？是不是你不好好喂它？"

张思先答道："一天三斗。"

太祖又问："吃得这么多，为何还如此之瘦？"

张思先答道："我答应给它一天三斗粮，可是我没给它吃那么多。"

太祖是个聪明人，马上有所领悟。第二天，就下旨任命张思先为司徒。

这则故事从实质上来说，也是下级批评上级，但是由于讲究了方式方法，既指出了上司的失误，又给了上司好感。

上司也是人，也会犯错误，有失误，作为下属有必要提醒、指出上司的错误或者失误，帮助其改正。但是，就像直接指出一个人的错误会遭到白眼一样，作为下属直接指出上司的错误也显然是不妥当的。所以，在指出领导错误或者失误的时候一定要注意方式方法。英国大文豪毛姆在其名著《人性枷锁》一书中说过一句亘古名言："身居高位之人，即使请你批评指教，他所真正要的还是赞美。"因为，这是人性所在。

可以说，提醒的魅力，在于如灯塔一样照亮迷航者前行的方向，在于如镇静剂一样让行为偏激的激动者冷静下来。在提醒中以幽默与诙谐作为作料，可以让提醒更加有力，更加深入其心。

上司手中握着你事业成功的金钥匙，这似乎并不为过。才能固然重要，但是机遇也很重要。如果把才能比做船，那机遇就是帆。虽然没有帆，船也能前进，但是有帆才能乘风破浪。而上司的认可和赏识就是你打开事业之门的最好机遇，所以，适当拉近与上司的距离是非常必要的，至少能够让上司多了解你。这时，你不妨用用幽默在上司面前露一手。

10.

用幽默式进谏，忠言不逆耳

进谏，在我们的工作、生活中随处可见。然而，成功的进谏却是一件需要高超技巧和智慧的事。尤其是向上司进谏时，可能会在不经意间就触动了他的自尊，从而火上浇油弄巧成拙。要想进谏成功，除了手中有理之外，还要求方法正确、巧妙，如巧用幽默，丝丝入扣，娓娓道来，从而可以使自己处在进可攻、退可守的位置，让自己立于不败之地。

在职场中，下属常常需要向上司表达出自己对所从事的工作的一些看法和提出一些对工作或业务发展的建议。有些下属在表达自己的看法或者建议的时候，常常因为在语言表述上的失当之处，让上司对自己颇有微词，从而致使自己的一些看法或建议不容易被上司认可，更严重的话，还有可能使上司对自己产生一些偏见，使自己在单位中的处境变得不乐观起来。其实，下属对上司提意见是一件极需要技巧的事情。在各种向上司表达看法的方法之中，借助幽默的语言是一种比较可取的方法。

一位将军在早上去视察士兵的时候，顺便询问了一下士兵们的早餐状况。大部分士兵都含糊其辞地对他说"还行"、"可以"，只有一位士兵很满足地说："半片蜜西瓜、一个鸡蛋、一碟腊肉、一碗麦片粥、两个夹肉卷饼、三块蛋糕，长官。"

将军听了之后，满是疑惑地问这位士兵："这都快赶上国王的早餐了！"这位士兵毕恭毕敬地对他说："长官，很遗憾，这是我在外面餐馆吃的。"

这次视察之后，将军马上下令改善了士兵的伙食待遇。

这是一位很善于迂回表达对军中伙食不满的士兵，他用有些幽默俏皮的语言既可以让长官一下子就明白了士兵想要的伙食标准，又可以让长官很容易接受自己的想法。一个小小的幽默就是这样的奇妙。

在工作中，不同职位的员工对工作都有自己的不同理解，上司不一定永远都是对的。对一个称职的员工来说，有自己一贯对工作原则的坚持也是一件极其重要的事情。敢于指出上司工作中的不足是极需要勇气的，而能够比较幽默地"以其人之道，还治其人之身"，则可以让上司有一个足够深刻的教训，从而对自己的不足产生比较深刻的反思。

陈主管的官僚作风非常严重。一天，单位新聘任了一位员工，陈主管颐指气使地对这位新员工训话："你既然在我底下做事，就一定要懂得'服从'！服从，明白吗？就是让你向东，你就不能向西，让你做什么，你就得做什么。""是是是！"这位员工诚惶诚恐地答道。

没过两天，一位贵客来访。陈主管吩咐新员工倒茶，递烟。做完这两件事之后，新员工就站在了旁边。陈主管想为这位顾客点烟，发现桌上没有打火机，就气急败坏地对这位员工骂道："笨蛋！烟、打火机、烟灰缸这是环环相连的，这种相关联的事情不必另外吩咐！你聪明点好不好！"新员工连忙点头称是。

第二天，陈主管感冒了，就让新员工去请医生来瞧瞧。没想到，这位新员工出去了三四个小时才回来。

陈主管大怒，又骂道："笨蛋！怎么办这点小事就去了这么久？"

新员工故意大声地回答："主管，您要知道，这要花费不少时间呢，现在医生、律师、棺材店老板、殡仪馆老板都在外面等着呢！"

傲慢刁难的陈主管就这样被这位新来的员工用自己的方式好好地收拾了一回。当然，这只是一个逗人发笑的幽默故事，不过这对我们是一个启示，它告诉我们，当我们面对一些类似于陈主管这样的对人没有起码尊重的上司的时候，所应该有的一些态度。作为员工，要敢于幽默地表达自己的看法，提出自己合理的建议。只有这样，在职场的我们，才会有更大的发展空间，从而让我们离成功更近一些。

俗语曰："忠言逆耳。"太直接地劝说别人，常常让人心生尴尬、不快，不仅可能达不到劝说的效果，还可能会伤及双方颜面。我们换种方式，或作比喻，或讲故事，让原本硬邦邦的直接劝说变得温和一些，这样的做法更容易让"忠言"顺耳。

齐景公好打猎，喜欢养老鹰来捉兔子。一次，养鸟人烛邹不慎让一只老鹰飞走了，景公下令把烛邹推出斩首。上大夫晏子知道了，便去拜见景公，说："烛邹有三大罪状，哪能这么轻易杀了他？请让我一条一条地数落出来，再杀他，也不迟。"齐景公说："你说说看。"

晏子指着烛邹的鼻子说："大胆烛邹！你为大王养鸟，却让鸟逃走了，这是第一条罪状；使得大王为了鸟的缘故又要杀人，这是第二条罪状；把你杀了，天下诸侯都会怪大王重鸟轻士，这是第三条罪状。"齐景公听后，对晏子说："别说了，我知道你的意思。"

晏子救烛邹，不是单刀直入向齐景公说情，而是采取了另辟蹊径之法。表面上并没有替烛邹说情，反而数落他的三条罪状，仿佛要置烛邹于死地而后快，实则为其开脱，并委婉地批评齐景公重鸟轻士。这样既避免了说情之嫌，又救了烛邹；既指出了齐景公的错误，又不丢齐景公的面子，可谓"一箭双雕"。

晏子进谏齐景公废除严苛的刑罚也是用的上述方法。

齐景公在位时刑罚严苛，许多人遭遇砍脚的惨刑，百姓怨声载道。于是晏子想找机会劝谏他。

有一次，齐景公派晏子到集市上看什么东西卖得好，晏子回来时对齐景公说："假脚卖得最好，鞋子卖得最差。"

景公诧异地问道："为什么？"

晏子回答："很多人遭受砍脚之刑，因而鞋子都派不上用场，买只假脚走路才是正事。"

齐景公听完哭笑不得，遂下令废除了这条严厉的刑罚。

晏子没有指责齐景公的暴虐，而是曲意而为，以"假脚卖得最好"来暗示砍脚之刑带给广大百姓很多痛苦，并委婉地进谏景公取消这一刑罚。由于用语幽默诙谐，让当权者心里受用，因而能够达到进谏的效果。

司马迁在《史记·滑稽列传》中记载了这样一个故事。

有一次，楚庄王的爱马死了，想以大夫的规格安葬，他的大臣们认为不可。楚庄王大怒，说："谁敢再不同意，就处以死罪。"于是没有人再敢说话。这时著名的宫廷艺人优孟赶来，一进门就大哭，说："马是大王的爱物，以大夫之礼葬之怎么行，应该以人君之礼葬之。"接着指出了葬马的种种排场，并说只有这样，才能让各国诸侯贱人而贵马。庄王从中悟出了深意，于是把马肉拿来割而食之。

优孟表面上是十分顺着庄王的意思，甚至痛惜失马的程度还大大超过了庄王自己，然而实际上却在批评庄王"贵马贱人"。

幽默地向上司进谏，要尽量顺着上司的意思说，使上司领悟到你是自己人，从而乐于听你的话，接受你的观点，进谏取得成功的可能性就更大。

幽默的进谏不仅是一种高明的技巧，还能让对方感受到你的热情与温暖，从而更加容易地采纳你的意见，让"忠言"也"顺耳"了。

11.

上司面前，用幽默话露一手

上司与下属的关系，首先是一种领导与被领导的关系，但是除此之外，双方还应该建立友爱合作的关系。作为一个下属，在恰当的时间、场合，和上司开一个富有幽默情趣的玩笑，在搞好同上司的关系方面，可以收到非常好的效果。

不过，俗话说：伴君如伴虎。在个人关系上还需要主动与上司保持合适的距离，距离太远了不好，距离太近了也可能会很糟。其实，让上司笑口常开不仅仅是找到工作之后的事情，在找工作的过程中，求职者就可以运用幽默的力量逗得雇主开笑口。找到一份称心如意的工作，是求职者最大的心愿，但求职不易，有时我们在苛刻挑剔的雇主面前一筹莫展。这时，何不借助幽默的魅力让面试你的雇主笑一笑，这对你取得面试的成功必然会有助益。

普天下的办公室都有一个通病：只要上司在现场，空气瞬间凝固，令人窒息。若要谈笑也只有上司自己谈笑。等到上司离开，空气顿时清爽多了，欢笑声四起，灵感时时迸发。这倒也不是下属个个偷奸耍滑，而是背后少了一双监视的眼睛，心情放松了。

要想在上司心中留下好印象，幽默风趣是重要因素。幽默能够迅速消除人与人之间的陌生感，并在对方心中留下好印象。所以，在人际交往中，不妨多多尝试幽默，它不仅可以弥补你口才方面的不足，还能成为你与上司沟通的润滑剂，帮助提升你的人气。

当然了，也并不是说，你言辞幽默上司就喜欢听，那还要看情况而定，看你是否有一双善于洞察人心理的眼睛。你可以洞察先机，知道上司的想法，就算觉察上司有不同的意见，心里也有数，可以在心里有所准备，事先化解；也可以针对上司的反应，妥善安排自己的进退应对。

幽默虽隐含着引人发笑的成分，但它绝不是油腔滑调的故弄玄虚或矫揉造作的插科打诨。

相传清朝康熙年间，有一天大臣李光地陪康熙皇帝聊天，康熙很感慨地说："唉！时光过得真快，朕快成老人家喽！"

李光地看着皇帝一脸的感伤，于是说："皇上您还年轻哩""朕今年45岁，属马的，不年轻啦！"康熙摇摇头，接着看了一眼李光地问："你今年多大岁数啦？"

李光地毕恭毕敬地回答："回皇上，臣今年57岁，属驴的。"

康熙听了觉得很奇怪，于是就问："朕45岁属马，你比朕大12岁，也应该属马，怎么会属驴呢？"

"回皇上，既然皇上属了马，臣怎敢也属马呢？只好属驴喽！"李光地似笑非笑地回答。

"好个伶牙俐齿的李光地！"康熙抚掌大笑，一脸阴霾尽失。

在这里，李光地可谓是一个机敏的人。假若他也说属马，在等级森严的封建社会，康熙皇帝的面子肯定过不去；假若他不说实话，那又是欺君之罪。看来真话假话都不能说，那该怎么办呢？只有借助幽默了。

幽默是一种良好的、健康的品质。但幽默也要适"度"。如过了度，则其效果肯定也会适得其反。想说好幽默的话，就得掌握其中的诀窍。那么该怎样说好幽默的话呢？

幽默是你打开成功之门的金钥匙。所以，借幽默之力，可以提升你的魅力值，也就是提升了你在上司心目中的地位。当然，身处职场，展现魅力的方式有很多种，但幽默无疑是最轻松、最与众不同的，尤其是在与上司交往的过程中，严肃、压抑的工作中突然出现的幽默能让上司眼前一亮，他看到的也是与众不同的你。

在职场中，我们虽然不能简简单单地把收入直接等同于能力，但是收入毕竟是我们的工作能力或工作价值的一种反映，我们都渴望我们的工作成绩能够跟我们的收入成正比。当员工们的业绩和收入不一致的时候，员工们当然希望向上司表达出自己提升工资的愿望，但是这种提议就像一个雷区一样，需要员工们在合适的时刻、合适的地点，非常机智地向上司表达出来，才会让上司更容易地接受，否则不但加薪不成，反而引起上司的反感，甚至会因此被上司逐渐疏远。

具有幽默感的人，都有一种出类拔萃的工作能力，他们能自信地运用这种力量，为自己的晋升增添有分量的砝码。适当地运用幽默，我们也能取得职场的成功。

有一个客户总是跟某公司的经理纠缠不休，经理感到非常厌烦，只是出于礼貌没有把他赶走。恰巧，一个职员走了进来。经理急忙向他伸出双手，大声地问道："小赵，我的手上长了什么东西？"

小赵答："经理，那是皮癣。"

经理说："这可怎么办才好呢？"

小赵："经理，你的皮癣不好治呀，而且我还听说它会传染。"

那位客户听了，头也不回地走了。

经理借助职员进来的机会，巧妙地"吓"走了"客户"。后来，经理将机智幽默的小赵升为办公室主任。

幽默的确可以拉近与上司的距离。不过生活中任何事情都不是绝对的，与上司距离的远近也同样如此，这种距离不可太远也不可太近。如果一个人不认真地做好工作，成天围着上司转，只知道说好话、空话，刻意拉近与上司的关系，或者整天坐在那里等上司安排工作，像个提线木偶一样，上司拽一下才动一动，无形中疏远了上司，都是不可取的，因此要把握幽默接近上司的技巧。

上司不论身居什么样的要职，也都是人不是神，他同样会有普通人的喜怒好恶，也可能在个人喜怒好恶的支配下说出一些令人尴尬的话，做出一些有可能招致误解的举动。此时，下属应抓住人们对上司言行错愕不解的心理，采取适当的举动顺水推舟，把上司无意说出的过于直白、犀利的话朝幽默的方向引导，使人们认为上司在开玩笑，从而放松了紧张的情绪，这就让上司觉得你是和他站在一边的，你自然也就获得了上司赏识和信任。

不论你从事的是什么行业，幽默的力量都能为你的工作增色不少。它能帮助你含蓄而豁达地表现自己，帮助你成功地与领导交往和沟通，帮助你在逆境中将困难一一化解。风趣幽默的语言往往能产生"四两拨千斤"的力量，达到举重若轻、一言九鼎的交际效果。在与上司交往的过程中，不妨适时使用一下幽默，相信定能达到你想要的交流效果。

总之，在上司面前，幽默是必不可少的手段，它定能助你得到上司的赏识。当然，当得到上司的赏识后，剩下的就是要做出一番成绩证明自己，千万不能把幽默当成万能钥匙，倚仗它继续打天下。在合适的时候展现自己的工作业绩，定能让你脱颖而出。

给抱怨裹上幽默的糖衣

在职场中，难免会有许多不称心如意的事情。这时，人们难免会抱怨。那么，该怎么抱怨既不伤人也不影响自己的升迁问题呢？不妨给抱怨裹上幽默的糖衣。

1. 对上司的抱怨应该如此幽默地说

职场中的怨气有很多是来自下属，众所周知，爱抱怨的下属常常不受上司的欢迎。在上司眼里，下属怨声载道与其说是缺乏面对困难的勇气，更不如说是推诿，是无能，是缺乏执行力。对于习惯抱怨的人，他们往往会不屑一顾。

应对这种上下级关系，抱怨时又该掌握怎样的技巧呢？同样需要给抱怨裹上幽默的糖衣，让抱怨声柔和地钻进上司耳朵眼里不着痕迹。

在拍摄现场，导演对演员厉声说道："下一组镜头应该是这样的，我们在你身后大约五十米处释放一只狮子，让它朝你奔来，最后只差两步的距离险些扑到你。"

"我的上帝，"演员呵呵一笑说，"您跟狮子也讲清楚了吗？"

面对充满危险的剧情，演员心生抱怨是再也正常不过的。但如果你直接表达你的抱怨，恐怕导演就不会乐于接受。所以，幽默地向上司问上一句话反而会收到奇效。在这个例子中，导演在大笑之余会体味到演员这句话的深意，从而心情愉快地调整细节。

在职场上如果单位加班实在多得令人厌烦时，不妨与上司这样调侃："实际上，如果我再加班下去的话，我太太可真的要往外'发展'了！"如果你这么一说的话，绝不会有上司刻薄地回答："你就让她往外'发展'好了。"但假如你一根筋地抱怨"我不想加班"，则必定会引起一场至少是心理上的战争。因此，我们不妨以婉转的口气迂回地避开主题，旁敲侧击，这种手段的高明之处就在于抓住了上司的心理，使他自然而然地产生一种同情心，从而有利于达到我们的目的。这种方法任何人都可以学会，也都有成功的机会。

圣诞节到了，某公司照以往老规矩，要求各位员工列举自己一年来的近况。老邱的回答如下："这一年对我而言，进步的是失眠及智慧，退步的是记忆力，总体收支平衡；增加的是腰围及胆固醇，减少的是头发及幽默感。附注：如果你注意到今年我的字体比以前有所放大，那证明本人视力正在无可挽回地退化。"这一创造性的回答引来了上司及全体同事善意的笑声和热烈的掌声。

当你有机会直接跟上司对话时，请随时谨记自己的身份，可以借幽默的方式提一些有利于公司的合理化建议，也可以适当地诉苦。不过可千万别做苦大仇深状，把心里的牢骚一股脑儿地全倒出来。

由此看来，对上司有抱怨情绪是可以表达的，关键是要讲求方法。身在职场，我们不得不谨小慎微，开口抱怨前也要先打好"草稿"，开动大脑这台机器，避实就虚，用巧妙的语言技巧，幽默委婉地指出他人的错误。这样既保全了上司的面子，又达到了目的。

2. 对同事的抱怨应该如此幽默地说

在无法避免的职场冲突中，幽默感不强的人就面临考验，往往会拍案而起，而有幽默感的职场精英则能保持平静，委婉地表示出不满，很好地解决问题。

在职场中，不难见到几个同事凑在一块儿，抱怨公司的规章制度，上司的魔鬼管理，抱怨同事之间关系不好相处，还有干不完的活，受不完的委屈。抱怨是一种情绪发泄，有不满情绪过于压抑不行，但发泄过度，没完没了抱怨也同样不好，非但解决不了任何实际问题，还容易让人陷入负面情绪里。但如果能给抱怨裹上幽默的糖衣，去掉抱怨本身那种难以下咽的味道，便会使抱怨听起来更具艺术效果，同时也更能解决实际问题。

同事间相处，因为利益关系少不了会有些摩擦，那么如何处理这些摩擦足以反映出一个人处世水平的高低，中国人常用这么一句话来排解争吵者之间的过激情绪：有话好好说。这是很有道理的。据心理学家分析，措辞过于激烈、武断是同事之间发生争吵的重要原因之一，因此，我们在对同事的某些做法不满时，要善于克制自己，以开玩笑的方式轻松、委婉地表达自己的意见，这样既能使同事认识到他们的错误，而又不至于伤害同事之间的感情。

在一次发薪水的时候，职员任俊竟然收到了一个空的薪水袋。他当时非常生气，心想，这帮财务怎么能出现这种失误？他脑子里顿时闪过几套解决方案：一是直接向总经理反映问题，让总经理治一治财务；二是直接到财务处兴师问罪；三是找到财务，对财务说："我没有说我这个月的工资请你们吃饭呀？怎么我的工资全被预支了？"四是对财务说："不好意思，这个月我的薪金袋饿得前胸贴后背了，给看看是怎么回事吧？"

任俊很快就否决了一、二套方案，因为工作失误是正常的，没必要对别人睚眦必报。第三套方案用语幽默，不会让人逆反，但是由于平素与财务打交道的机会少，相互间并不熟悉，说请吃饭的事儿多少有些突兀。他考虑再三还是选择了第四套方案，并且很快得到了补发的薪水。有了这次交往，他也和财务处的人建立了良好的联系。

任俊这种谨慎运用幽默表达抱怨的方法是值得我们学习的，幽默说到底是一种语言艺术，必须要寻求最佳表达方法才能取得最佳效果。如果不合时宜地表达，则有可能弄巧成拙，还不如闭上嘴更为恰当。虽然宽容忍让可能会令你一时觉得委屈，但这不仅表现了你的修养，也能使对方在你的冷静态度下平静下来，更加有利于问题的解决。

任何人都会出现失误和过错，别人无意间造成的过错应充分谅解，不必计较无关大局的小事情。当我们对于某些行为实在看不过去的时候，除了委婉地提意见，幽默式的抱怨也是必不可少的。

有位同事每天上午进办公室后都会睡上一个小时，为此耽误了不少工作。作为搭档，元元就要承受更大的工作压力。元元很想找个机会批评对方一顿，但是又怕引起不快。终于有一天，元元找到了妥当的方式，他对那位同事说："如果你少做点'白日梦'，凭借你的能力，一定可以当主管。"那位同事听了元元的批评后，不仅没有生气，反而为对方认同自己的能力感到兴奋，在上班时间也尽量克制自己不再睡觉了。

心理学家指出：工作中，同事之间容易发生争执，有时还会搞得不欢而散甚至使双方结下芥蒂。发生了冲突或争吵之后，如果处理不好，就会在心理、感情上蒙上一层阴影，为日后的相处带来障碍，最好的办法还是尽量避免它。所以当你对同事的意见存在异议时，首先要学会聆听，耐心、留神听听同事的意见，从中发现合理的部分并及时给予赞扬或表示同意。这不仅能使同事产生积极的心态，也给自己带来思考的机会。如果双方个性修养、思想水平及文化修养都比较高的话，做到这些并非难事。随后，我们就可以委婉表达对同事的意见，运用幽默的力量避免与同事"交火"。

某公司的小溪与小田关系不错，平时有说有笑，正因为如此，小溪总是喜欢有事没事就到小田的办公室去聊天。有一次，小溪正就一些琐事说得眉飞色舞、唾液横飞，却听得小田冷不丁地说了一句："幸好我正经娶老婆了。"

小溪见小田的话与自己搭不上调，一脸茫然，感到十分困惑。但听小田接着自言自语地说："所以我现在才习惯别人对我没完没了地唠叨了……"

小溪听后，呵呵一乐，拍拍小田的肩膀，知趣地走了。

处理同事之间的抱怨其实并不难，只要把握好分寸，给对方留有空间和余地。不可太直接，否则难以收到良好的效果。

给抱怨裹上糖衣的确是一种不错的职场法则，但是，需要注意的是，言多必失。即使富有幽默含量的抱怨也不宜说得过多，否则很容易让人觉得你是一个只会抱怨，不好好工作的人。所以，抱怨的话最好是在必要的时候再讲。

13.

和睦相处，幽默来调节

在日常的工作中，幽默感是工作中一项公认的"资产"，因为幽默感有利于促进人际沟通，建立良好的同事关系，而且幽默不仅能有效解决一些非常棘手的实际问题，还能把工作的价值发挥到最大。所以，适当地来个幽默、开个玩笑，更能博得同事的好感，并帮助你树立良好的自我形象。而且，用幽默的言谈适当地表达自己的观点，能让你的工作业绩越来越好。

调查发现，白领人群的压力七成来自办公室。调查也发现，晋升快，薪水涨幅大，同事好评如潮的职场人八成善用幽默，所以你应该让自己在八小时以内做一颗开心的糖豆，保持轻松的心态，用幽默调节职场空气。

幽默的话语总能给同事们的闲聊锦上添花，让大家的交谈更其乐融融，而懂得幽默的同事也就理所当然地得到大家的喜欢。

有很多人常常觉得和同事们没什么共同话题，更有一些人觉得同事之间的关系因为常常伴随着利益关系的存在而变得非常微妙，而同事之间的对话也常常只是一些诸如"今天天气怎么样"的寒暄。其实，同事一场，大可不必如此拘谨，而且如果一直这样的话，我们的生活难免乏味，工作难免枯燥。我们不妨与同事们在一起的时候，添加一些幽默元素，增添一些闲聊的乐趣，让我们的日常工作生活也多彩起来。

最近连续下了五天的雨。公司的几个同事在一起闲聊天气。一个人说道："最近怎么一直下雨呢？"一位老实的同事规矩地回答道："是啊，都五天了，这样下去何时能结束呢？"一位喜欢加班的同事说："龙王爷竟然连日加班，看来想多捞点奖金！"一位关注市政的同事说："玉帝也太不称职了，天堂的房管所坏了，都不派神仙去修，老是漏水！"一位喜爱文学的同事接着说道："嘘，你们小声点，别打扰了玉皇大帝读长篇悲剧。"

像这样给日常闲聊加上一点幽默色彩，不但让几句简单的谈话显得更加生动，而且让参与的人在幽默风趣的气氛中舒缓了心情。

另外，在职场中，同事之间由于种种原因产生一些矛盾是很正常的。出现矛盾不要紧，重要的是在出现矛盾以后要尽快地以轻松幽默的方式将这些矛盾化解得无影无踪。否则，一些小小的矛盾也可能成为你的职场之患。

为了调节矛盾，每个人、每家公司都会有不同的解决办法。一家著名的日资大公司解决同事矛盾的方法就比较奇特，这家公司设置了一个"泄气工程系统"，而这个系统竟然较好地解决了许多员工在工作中遇到的很多问题，我们就来看一下这个系统中的一个组成部分。

一天，两个员工因为一点小事争吵起来。正当他们吵得不可开交的时候，他们的上司把他们带到哈哈镜室，让吵架的两个人看着镜中自己扭曲的狰狞面孔。

刚开始，他们还强忍着不笑，但站在哈哈镜面前有两三分钟的时候，他们竟都不自觉地哈哈大笑起来。大笑之后，这两人的心情都顿时舒畅了不少。

然后，上司就把两人带到了思想劝导室，对他们的矛盾做出详细的分析，让他们意识到各自的错误。很快，两人就握手言和，重归于好了。

这家日资公司利用了哈哈镜逗人发笑的目的，让郁闷的双方都心情愉快后再来解决问题。这种利用外物达到幽默效果，以解决工作矛盾的方法，很值得我们借鉴。

在工作中与同事发生矛盾，如果这时以幽默调节，事情就很可能很快得以解决。如果你需要改善同事们对你的态度，也可以利用幽默的妙语来表明你的观点。

一位电影明星一次又一次地向著名导演希区柯克唠叨摄影机的角度问题，让他务必从她"最好的一边"来拍摄。"抱歉，做不到，"希区柯克说，"我们没法拍到你最好的一边，因为你正把它压在椅子上。"

面对这位明星的唠叨，希区柯克没有表现得不耐烦，而是非常有风度地用一个小幽默来调节了一下同事之间的气氛。像希区柯克这样常常保持乐观的态度、同别人一起分享幽默的人，不但会受人欢迎，也一定是一个快乐的人。

一位男员工对即将结婚的女同事打趣地说："你真是舍近求远。公司里有我这样的人才，你竟然没发现！"他的女同事开心地笑了。

这位男员工一句玩笑话，不仅给办公室带来了一阵笑声，还赢得了同事的好感。经常和同事开一些雅俗共赏的玩笑，不仅能使心情轻松，而且还能更好地面对自己的工作。因为你会发现，你在办公室里获得了好人缘。

不过，还是有很多人只是看到同事身上的小缺点，而对同事的优点视而不见。下面这种抓住同事的缺点进行讽刺挖苦的做法就要不得。

某公司的销售部，有个叫金鹏的销售员，他年轻时长过很多青春痘，满脸都是疤痕。

一天，一个职员跟另一个职员说："嘿，看张图片，你猜是谁？"

众人挤过来一看，原来是一个橘子皮。

"你偷金鹏的照片干吗？"其中一个人喊。

大家爆笑，于是"橘子皮先生"就成了金鹏公开的绰号。

金鹏本人感到十分委屈，且恼火万分。

真正具有幽默感的人能看到同事的优点，使自己对同事的行为保持乐观积极的态度，而不是着眼于同事的错误和缺点。我们应该敞开胸怀，去了解、接受同事的小错误，增进彼此的工作关系。

在职场中，人人都想成功，但并不是每一个人都能获得晋升的机会。在工作过程中，如果巧妙地运用幽默的语言，晋升的机会就会更多一些。同事是自己工作上的伙伴，与同事相处得如何，直接关系到能否把工作做好。同事之间关系融洽，能使人们心情愉快，有利于工作的顺利进行；同事之间关系紧张，经常互相拆台，发生矛盾，就会影响正常的工作，阻碍事业的发展。

某公司有一位爱喝酒的员工，经常会因喝酒太多而耽误工作。他的同事在写对他的评价时这样描述道："他这个人很诚实，忠于职守，而且'经常是清醒'的。"

在职场上做一个对同事宽宏大量的人，即使你同事的身上有这样或那样的缺点和毛病，毕竟这些缺点和毛病并不会对公司的利益和你个人的发展构成威胁。如果你善于体谅和宽容的话，那么，你就会看到同事身上的优点比缺点多得多，你也就能与同事更好地相处，你的工作就会轻松得多。然而，现实中同事之间总有许多矛盾发生，这多是一些人宽于律己、严以待人造成的。

幽默的力量能够改变一个人的未来，因为你的同事会认可并支持你。这样，你才能在轻松的环境中顺利晋升。

马克·吐温在美国的密苏里州办报时，有一次，一位读者在他的报纸中发现了一只蜘蛛，便写信询问马克·吐温，看是吉兆还是凶兆。马克·吐温回信道："亲爱的先生，您在报纸里发现一只蜘蛛，这既不是吉兆，也不是凶兆。这只蜘蛛只不过是想在报纸上看看哪家商人未做广告，好到他家里去结网，过安静日子罢了。"

活泼俏皮的幽默话言，让你在职场轻松拥有一份自信，能够帮助你创造融洽的同事关系，并创造和谐的职场氛围。娴熟地运用幽默与口才，会助你走向职场的成功。

幽默的力量能帮助你在工作上与同事建立融洽的关系。与同事分享快乐，你就能成为一个被同事喜欢和信赖的人，他们会愿意帮助你实现工作目标。甚至当你和同事的志趣并不相同时，快乐和笑的分享也能令同事感受到心灵的默契。

14.

办公室里的幽默法则

职场中的我们需要幽默。只要你学会运用得体的幽默，于人于己都是一缕玫瑰的芳香；但如果幽默不当，你的幽默将可能成为你职业生涯中的绊脚石。希望你能在占日常生活一半以上的工作时间里，优游自在地展现自己的幽默品质。

在忙碌的工作之余，我们常常会和同事们互相开几句玩笑，幽默一下，以缓解压力。不过，在与同事之间幽默的时候，一定要谨慎，切不可开上司的玩笑，否则很可能就会有意想不到的麻烦。

中午休息期间，小江和小牛在公司的休息室里聊天。当他们说到为什么他们的顶头上司看起来这么老时，小牛神秘地说："难道你不知道吗？咱们的领导是上午跟着轮子转，中午围着桌子转，晚上围着裙子转。你想想，他一天到晚这么多活动，能不显老吗？"

小牛这一句话逗得小江忍不住哈哈大笑，他们正笑的时候，上司从旁边经过。这让小牛恨不得把刚才自以为聪明幽默的话全吞到肚子里去。

小牛的这个幽默，不仅让自己后悔不已，更是有可能在今后的很长一段时间得到上司的"另眼相待"。因此，选择幽默的对象是有一定规则的，并不是所有人都可以拿来被幽默，否则这个代价将是巨大的。

幽默可以制造笑声，幽默可以拉近友谊，但幽默不是用来随意调侃同事的工具，尤其是不能用来随意调侃有的同事生理上的一些不完美的地方。当你使用这种"幽默"调侃同事时，其实也就自己把自己给调侃了。

小倩是一个身材比较矮的女孩子。一天，有个同事想和她开个玩笑，于是拿了一根竹竿到办公室。对小倩说："站起来一下。"小倩问："为什么？""没事。我就想看看你和竹竿哪个更高一点。"同事笑道。小倩听了理都没理他，扭身继续工作去了。

这位同事拿小倩的身高来调侃，不仅会使两人之间的友情受到损害，同时也会给同事们留下不好的印象。与同事关系的融洽与否，对我们在职场上的工作与发展是至关重要的。因此我们在幽默时，千万注意，否则你就将成为办公室里那个最不受欢迎的人。

那么，在办公室里就开不得玩笑了吗？当然不是。只要我们幽默时注意幽默的对象与方法，照样也能让办公室笑声不断。尤其是当我们在工作中与同事有磕磕绊绊的时候，若能用一个恰当的小幽默来巧妙地化解，不仅让同事之间的关系更加融洽，还能给同事留下良好的形象。

一次，肖铁带儿子来单位玩。这孩子特淘气，一眨眼的工夫，就把一个杯子给摔破了。肖铁大怒，抬手照着孩子的头就是一巴掌。

这时，就见同事王姐"噌"地跳了起来，指着肖铁的鼻子大叫："你干吗打孩子，你的手怎么这么欠？"这一嗓子，同事们全蒙了，肖铁这个愣头儿青更是气得眼睛喷火。而王姐又指着孩子，不依不饶地说："你这孩子原本可以当大学教授，就这一巴掌，把个好端端的大学教授打没了。"

周围同事哄堂大笑，肖铁也乐了："大学教授？如果他有这个脑袋，太阳就得打西边出来了！王姐你可真会说话。"

王姐不仅制止了肖铁打孩子，而且用幽默及时而巧妙地化解了同事之间由于打小孩引起的不快。这样幽默的王姐怎么会不受到同事们的欢迎呢！

小小的幽默，是你工作之余的调味品。但切记办公室里的幽默是有基本原则的，如果你能记住并熟练地运用这些原则，那么在复杂的办公室环境里，哪里有你，哪里就能笑声不断。

素素和融融是多年的同事，两人隔桌而坐，情谊深厚，彼此往来都建立了良好的默契。尽管如此，还是难免发生冲突，就像亲密的牙齿和舌头，有时难免发生咬舌的疼痛。有一次，为了处理老板交代的事情，两人有不同的看法，在坚持不下的情况下，她们居然发生严重的口角，彼此冷战，形同陌路。到了第三天，素素实在忍受不了这样的工作气氛，为了打破僵局，于是趁融融也坐在座位时，她就翻箱倒柜，把办公桌的抽屉全部打开来翻找一番，这时，融融终于开口说话："喂，你把所有抽屉打开来，到底在找什么？"素素看看融融，幽默地说："我在找你的嘴巴和声音啦！你一直不跟我讲话，我怎么跟你讲话！"两人扑哧一笑，重归于好。

幽默可以让人放松心情，拉近彼此的距离。发生争执的时候，适时的笑话又可化干戈为玉帛。

打开幽默的心扉面对"敌人"，你会发现：欢笑的功能会使你们坐下来把事情解决。无论你是身为领导者还是被领导者，在面对层层的工作压力时，都需要学会舒展紧绷的情绪，否则将会发现付出的代价是多么巨大，真正的"生活"会被淹没在争执和对立中。

是的，在办公室里适当地开一些玩笑，幽默一把，可以让繁忙的工作也变得其乐融融。但是，要想做办公室里受欢迎的人，要有所禁忌。否则，不仅升职无望，还和同事们闹得很僵。以下几个方面一定要注意：

1. 不要随意开上司的玩笑

上司永远是上司，不要期望在工作岗位上能和他成为朋友。即便你们以前是同学或是好朋友，也不要自恃过去的交情与上司开玩笑，特别是在别人在场的情况下，更应格外注意。

2. 不要以同事的缺点或不足作为开玩笑的目标

金无足赤，人无完人。不要拿同事的缺点或不足开玩笑。你以为你很熟悉对方，随意取笑对方的缺点，但这些玩笑话却容易被对方觉得你是在冷嘲热讽，倘若对方又是个比较敏感的人，你会因一句无心的话而触怒他，以至毁了两个人之间的友谊，或使同事关系变得紧张。而你要切记，这种玩笑话一说出去是无法收回的，也无法郑重地解释。到那个时候，再后悔就来不及了。

3. 不要和异性同事开过分的玩笑

有时候，在办公室开个玩笑可以调节紧张工作的气氛，异性之间玩笑亦能让人缩近距离。但切记异性之间开玩笑不可过分，尤其是不能在异性面前说黄色笑话，这会降低自己的人格，也会让异性认为你思想不健康。

4. 莫板着脸开玩笑

幽默的最高境界，往往是说幽默的人自己不笑，却能把你逗得前仰后合。然而在生活中我们都不是幽默大师，很难做到这一点，那你就不要板着面孔和人家开玩笑，免得引起不必要的误会。

5. 不要总和同事开玩笑

开玩笑要掌握尺度，不要大大咧咧总是在开玩笑。这样时间久了，在同事面前就显得不够庄重，同事们就不会尊重你；在上司面前，你会显得不够成熟，不够踏实，上司也不能再信任你，不能对你委以重任。这样做实在是得不偿失。

6. 不要以为捉弄人也是开玩笑

捉弄别人是对别人的不尊重，会让人认为你是恶意的，而且事后也很难解释。它绝不在开玩笑的范畴之内，是不可以随意乱做乱说的。轻者会伤及你和同事之间的感情，重者会危及你的饭碗。记住"群居守口"这句话吧，不要祸从口出，否则你后悔也晚矣！

谈情说爱：
幽默是甜蜜恋爱的情趣秘籍

　　爱是男女之间的感情交汇。男人和女人是这个世界上最奇妙的存在。一位名人曾说："男人是太阳，女人是月亮。太阳和月亮的光糅合在一起，就会组成一个美妙的世界。"生命是一朵花，爱情是花的蜜，而幽默则是采花酿蜜的蜜蜂。所以，要学会运用幽默，爱情才会甜甜蜜蜜。

15.

求爱第一步，用幽默赢得

获得对方好感，向对方表白心迹，是求爱的第一步。如何迈好这一步，往往使人困扰不已。这一步如果走得不好，不仅不能让自己情场得意，还可能给以后的交往造成某些障碍。向对方表白，既没有现成的话语可套，也没有固定的程式可循，的确不是一件简单的事情。不过，能用一种独特新颖的方式来表达你的爱意总是一件好的事情。这时候，我们不妨在求爱时幽默一点，既用我们的风趣睿智博得她的一笑，又为自己保留了一份美好的回忆。

幽默的求爱过程充满着智慧和情趣，即使不能情场得意，至少也不会给以后的交往造成障碍，还可以保留一份美好的回忆。

求爱是一方的爱情发展到不可抑制的时候，向另一方表露心迹，希望得到对方爱的回报。有的朋友喜欢直抒胸臆，毫无保留地向对方将自己的感情全盘托出，甚至还做些夸张。有的喜欢鸿雁传书，情溢纸上。而善于幽默的人求爱完全不同。

有个青年多次向心上人求爱，可对方总是不予明确答复。正巧有一次女孩问他："'千金一诺，怎么解释?"他赶忙说："'千金'者，小姐也;'一诺'者，答应也。意思是：小姐啊，你就答应一次吧!"女孩掩嘴而笑。

这就是幽默者的求爱方式，他巧妙地向对方传递爱的信号，从容地等待对方接受。即使遭到拒绝，也能不失体面地撤退，不会给自己的自尊心造成严重伤害，也不会给对方造成压力和难堪。这不是世故和圆滑，而是珍惜自己的感情和尊重对方意愿的表现。

有这样一个求爱时含蓄表白的故事，它发生在俄国作家陀思妥耶夫斯基身上。当时他爱上了一位美丽的姑娘——安娜。

有一次，他放出了试探求爱的"气球"。他对安娜说："我正在撰写一部恋爱小说，但摸不透一个年轻姑娘的心理，还得请求你帮忙。"他在介绍了小说的构思之后，含蓄地说："书中的主角遇到了一位像你这样的姑娘，咱们就叫她安娜吧，这是多么可爱的名字。那个主角深深地爱上了安娜，但他却像我这样年老并负债累累，能给安娜带来什么呢？请问，安娜会爱上我的男主角吗？"安娜认真地回答："为什么不能呢？如果安娜不是肤浅轻浮的女人，如果她有一颗善良敏感的心，为什么不能呢？"后来，她终于打开了自己紧闭的心扉，他们相爱了。

陀思妥耶夫斯基的表白没有采用直接的方法，而是用含蓄幽默的方法，委婉地把女主角的名字定为"安娜"，从而步步逼近直至感动安娜。

要想获得对方的好感，并进一步转化为爱情，首先要有一颗真诚的心和诚挚的情趣，更需要机智与幽默的表达。爱的表达是需要一些技巧的，需要花费一番心思，即先考虑怎样获得对方的好感与信任，再考虑怎样将好感巧妙地转化为爱情，而不是一味地死缠硬磨，使人厌恶。

制造好感是求爱的准备工作，运用新奇幽默的方式向对方求爱则可收到良好的效果。

著名将领冯玉祥的妻子就是以幽默的方式赢得了她的好感，从而成就了一段美好的姻缘。

原来，冯玉祥在面对众多相亲的对象时总喜欢先问一个问题："你为什么愿意同我结婚？"有的姑娘羞涩地表示，自己的理想就是做一名官太太；有的满怀倾慕地说："你是英雄，我崇拜你、我佩服你。"对她们的回答，冯玉祥均不置可否，一笑了之。后来他遇到皮肤黝黑、相貌平平的李德全，同样的问题，她却回答："上帝怕你办坏事，派我来监督你。"

这个答案让冯玉祥大为欣赏，两人一见钟情，进一步接触后，最后终于结为伉俪。

有个男友在给他心仪已久的女孩的一封信中，只写了短短几句话："我中箭了，是丘比特的金箭。祈求你同样中箭，不是铅箭，而是金箭。"

古希腊神话中有这样的传说：被爱神丘比特的金箭同时射中的一对男女便能缔结良缘。如果一方中了金箭，另一方中了铅箭，那中金箭的一方便只能是"单相思"。这小伙子正是巧妙地运用了神话传说，给姑娘以良好的第一印象，用幽默使姑娘中了爱神之箭。

现实中，面对漂亮的女孩子，有许多男孩子不敢尝试，担心会遭到女孩的拒绝。其实，几乎所有女孩都以被众多的男士追求而骄傲和自豪。所以，以一颗幽默的平常心走向每一个漂亮女孩，勇敢地与你中意的姑娘攀谈。勇敢地把握这一个个相爱的机遇吧！

一位男生看上了新闻系一位漂亮的女孩，但却不知道她的名字，也一直苦恼没有机会与她搭讪和接触。

有一次，机会终于来了，他看见那位女孩独自一人走进一家牛肉面馆，他毫不迟疑地跟着进去了。

他有点儿紧张地向这位女孩开口问道："经常在校园看见你，请问你叫什么名字?"

那女孩很纳闷地抬头看着他，说："我叫意大利面啊！"

她显然不想报上真名，但这位男生没有气馁，他红着脸"噢"了一声，改口道："那么，我也给自己起个面名吧，我就叫加州牛肉面。"

女孩冷漠的脸上立刻露出灿烂的笑容。

后来，这位"意大利面"真的成了"加州牛肉面"的妻子，这就是幽默的奇异效果。

与女孩子第一次接触时，许多男孩子最惯用的办法是把预先设计的程序、语言抛出来。有些甚至提前准备一张纸条，见面之后塞给对方了事。

这种办法在多数情况下效果并不理想，因为我们根本就无法预知实际的情形：什么样的场合、在场的有哪些人、女孩态度会是什么样的、说什么话更合适等。幽默的使用是不需要预先设定的，它总是敏感地捕捉现场信息，并引而申之，产生幽默效果，逗对方发笑。

是的，在恋爱方面，常常有人因为不知道如何求爱，或因方法不当，或因言语不得体，使对方产生误解，甚至厌恶反感，结果造成"不成情人成仇人"，把本应是一件美好的事情变成了一件非常糟糕的事情。而幽默求爱的方式，既充满幽默情趣，又不失轻松快乐，哪个人能够轻易拒绝？

也许你们早已相识，也许你已经"暗送秋波"无数，却依旧是"爱你在心口难开"，不知如何开口向对方表明心迹。其实求爱并不难，只要在与对方的交往中，在言辞上花一些工夫，以幽默风趣的谈吐，制造出一种活泼宽松的交际氛围，不知不觉中，你就会获得对方的青睐。

16.

用幽默添柴，助燃爱火

在爱情的世界里，幽默始终扮演着一个爱情守护神的角色，在危机的时刻，它给人提供安全感；在悲剧时刻，它会引导人向喜剧方面发展。正如劳伦斯所说："世俗生活最有价值的就是幽默感。作为世俗生活的一部分，爱情生活也需要幽默感。过分的激情或过度的严肃都是错误的，两者都不能持久。"学会运用幽默，将会助燃你的爱情之火，会让你的爱情之火燃烧得更加旺盛。

有一位男青年在写给女友的信中说："昨夜，我梦见自己向你求婚了，你怎么看呢？"

他的女友巧妙地回答："这只能表明你睡眠时比醒着时更有感情。"

热恋中的男女青年，由于理念的相通、语言的投机和各种环境的影响，产生欲望和冲动的机会很多，这完全是一种正常的心理现象。

虽然恋爱到结婚是性意向的产物，但是婚前的欲望与冲动，有些人是采取直接的或粗暴的表达方式；有些人则是采取正统的、规范的、符合社会伦理道德的表达方式；但还有另外一种表达方式，那便是幽默。

直接地表达爱情太庸俗，正统的方式又太古板，只有幽默的表达，才能做到既表明自己的心愿又不伤害对方。

女性谈爱情也很普遍，不过，她们多半隐蔽得比较好，因而她们的幽默更含蓄一些。

有这样一对热恋中的男女青年，一天男青年到女朋友家去，看到女朋友买的鸡是5只雄鸡和1只雌鸡，便奇怪地说："亲爱的，你怎么买了5只雄的，1只雌的呢?"

女朋友："这样雌的就不会像我那么寂寞了。"

也许女朋友买鸡时的真正意思并不是这样，但在这里，她恰遇良机，便幽默地把自己的心情向男朋友表达出来了。

幽默用于爱情生活，由于条件有利，比之靠纯粹游戏而产生趣味要容易些。男女双方都有取悦对方的心愿，只要一方做出努力，对方自是心有灵犀一点通。

在你的恋人面前能有幽默的智慧和情趣，既可以共享快乐，又能深深地吸引对方。

人们都清楚，微妙的男女关系里，有不少微妙心理因素支配着每一个细微的行动，如果你有技巧地掌握和运用这些因素，你就将所向无敌，胜券在握。幽默，是爱情的触媒，是恋爱生活的守护神。

因此，处理这类事情男人的幽默感也很重要。

恋爱只有通过"交谈"，才会有"恋"有"爱"，而语言的幽默如同牛奶中的蜂蜜，它能增添个人魅力，促使感情升温。

爱情需要感情作基础，但这并不说明爱情与说话能力毫无关系，感情的培养同说话有密切的联系。谈情说爱就着重于"谈、说"二字。如果能采用幽默的语言，对于爱情将不无好处。看看故事中年轻的男办事员是怎么约会女办事员的：

男办事员："我俩到那边的茶店喝一杯咖啡吧！"

女办事员："那怎么成？中午的休息时间只剩下五分钟了。"

男办事员："你就相信我吧！我是办事能力最高的专家呢！我只想对你讲一句话而已……"

毫无疑问，听过男办事员的这番"歪理"后，女办事员肯定欣然应约。幽默的言谈是男女关系中最富情感张力的语言形式，使用幽默能自然地增进彼此的亲密感。

20世纪40年代，著名影星赵丹从监狱里出来，妻子已经改嫁了。后来有一部电影挑选赵丹与黄宗英担任男女主角，这为两人以后结成连理提供了契机。其实，在见面之前，赵丹和黄宗英已经互有好感，只是不太确定。所以，当黄宗英从外地赶到上海时，赵丹前去迎接。

那天是周末，一见面黄宗英就故意惊讶地说："真没有想到，你会来接我。你家里今天就没有别的事儿要处理吗？"赵丹微笑着说："为什么我就不能来接你？再说，我已经没有'家'了！"

路上黄宗英继续试探说："我不明白，大上海有那么多的明星，为什么千里迢迢要我来？"赵丹幽默地回答："这叫千鸟易得，一凤难求。"黄宗英哈哈大笑，放下心来。

赵丹三言两语就把自己的家庭、婚姻及追求表达得淋漓尽致，他用轻松幽默的谈吐赢得了黄宗英的好感，争取了"凤求凰"的主动，为他们后来的顺利交往终至结成姻缘奠定了良好的基础。

处于热恋中的朋友，切不可忘了幽默的升温作用。只要你调动神经中的机智这根弦，即可与你的恋人奏一曲和谐的恋歌。

爱一个人，当然是要爱他（她）的全部。如果不能毫无保留地去欣赏对方的话，你充其量也不过是个浅薄的情人而已。如果你想使你的陋习得到对方的谅解，你可以这样说："女性最不能原谅的，是男人不爱干净的习性。可是，我认为你会原谅我的——因为，你的美丽会抵消我的丑恶。"

这样的话语既坦诚地承认了自己的陋习，又巧妙地赞美了女孩的美丽，恋爱中的姑娘一定会被这样的幽默所打动，从而对你的缺点表示一定的体谅。运用幽默的话语博得恋人一笑，不只是小伙子的专利，恋爱中的姑娘充满娇俏的馨香趣语更是动人。例如：

当一位小伙子为把钥匙忘在咖啡厅而非常懊恼之时，女友对他说："钥匙忘了没关系，别把我忘了就好。"两人相视而笑，这点小小的不快一下子就消失了。又如：

女："亲爱的，听说你最近干活时心不在焉，产量急剧下降，你的心上哪儿去了？"

男："这就奇怪了。上次我们约会，你不是让我把心交给你了吗？"

将恋人的责备转化为主动地表达爱意，这样的睿智幽默实在值得借鉴。毫无疑问，幽默自然地增进了亲密，加深了彼此的感情。看看下面这段充满情趣的对话：

女："看什么？"

男："你的眼睛。"

女："好像不止一次了。"

男："你知道这是为什么？"

女：（娇嗔地一笑）……

男："因为你眼睛里有我！"

上面的这一幕不正是如歌中所唱"我的眼里只有你"的情境吗？这样含情脉脉的瞬间，正是由于幽默的存在，使得我们更能创造出轻松愉快、富于情趣的爱情生活。

爱情的火花需要培养，那么，想让爱情升温，让爱情之火燃烧得更加旺盛，那更需要用心培养。没有什么好的方法去培养，只有一个秘诀：运用幽默。

17.

浪漫的幽默，爱情更美妙

每个女孩都渴望拥有浪漫的爱情，当然，男孩子也不例外。那么，如何让爱情充满浪漫的绚丽色彩呢？有位名人说过，幽默是慈爱生活中不可缺少的喜剧，其地位不亚于甜言蜜语、海誓山盟的诺言。所以，不妨用用浪漫，或许你的爱情会更有妙趣。

浪漫是生活的一种调味品。没有人不喜欢幽默话语流露出来的别致浪漫，无论是年轻人还是老年人，无论是富人还是穷人，无论是男人还是女人。但是，浪漫的幽默，或者说幽默制造的浪漫不是什么时候都管用的。根据爱情心理学，初识的男女之间，女性最迫切需要的是男性的力感，因此，初交女友，幽默要注意把握分寸，只有"力感"的晕轮效应达到一定程度，双方关系足够密切后，再适当地使用幽默来增强美感，才能取得较好的效果。

当然，幽默调情不仅仅是男人的专利，女人也同样可以利用这种方式征服自己的心上人。

处于热恋中的情人，也不可忘了不时利用幽默来给爱情加温。这时时常来点幽默，更能创造出轻松愉快，富于情趣的爱情生活。只要你挑动神经中的幽默这根弦，即可与你的恋人奏出一曲和谐的恋曲。

马克·吐温爱上了头发乌黑、美貌惊人的莉薇小姐，他们在1870年2月2日举行了婚礼。婚后不久，马克·吐温给友人写信，在信中，他不无幽默感地说："如果一个人结婚后的全部生活都和我们一样幸福的话，那么我算是白白浪费了30年的时光。假如一切能从头开始，那么我将会在牙牙学语的婴儿时期就结婚，而不舍得把时间荒废在磨牙和打碎瓶瓶罐罐上。"

幽默大师马克·吐温写出了如此触动心灵的幽默之语、浪漫之辞，可见其参透了浪漫的奥秘。

很多年轻的恋人把甜言蜜语、耳鬓厮磨当做是浪漫，当然也无不可。但是，一定要提高警惕不要让甜言蜜语迷昏了心智。男女之间常会用以下这种返还式的幽默来互相逗趣，既增添了别样的情调又营造了气氛。

有的时候，两个人心仪已久，但是呆头呆脑的男孩子就是不开口表达爱意，心急的女孩子也由于矜持而无法开口，时间一久心中反而生出了些许的怨恨来，影响了彼此的感情。其实大可不必，女孩子完全可以在保持矜持的情况下，用幽默而含蓄的暗示去开启爱人的心扉，去发挥它无可替代的作用。

一天傍晚，一位少女和一位她心仪已久的英俊男雇工在一条僻静的乡村道上并肩走。天渐渐黑下来，他俩走进了一条又长又静的黑巷。少女渐渐放慢了脚步，对雇工说："我不敢跟你在这里一道走，我怕万一你想吻我。"

雇工吃惊地说："怎么可能呢？我肩上背着一只大桶，左手提着一只肉鸡，右手拿着一根拐杖，同时还牵着一头山羊……"

"那可难说。"少女以玩笑的口吻说，"假如你把拐杖插入泥中，将羊拴在上面，把鸡放在桶里呢？"

如此的暗示，相信再呆头呆脑的人也应该明白其中的意思了，可想而知，浪漫的故事由此开幕了。

无数幽默大师们的求婚经历证明：幽默的求爱、求婚方式更有魅力，更富有使人心动的浪漫情趣。

当恋爱到了一定的火候之后，随之而来的就是求婚。在求婚的时候也不妨幽默一下，这样可以给爱情生活做一个愉快的总结，给婚姻生活来一个意味深长的开头，给幸福的生活留下永不磨灭的记忆。

美国科学家富兰克林，1774 年丧偶。后来在巴黎居住时，向他的邻居——一位迷人而有教养的遗孀艾尔维斯太太求婚，情书中求婚的方式极为幽默。富兰克林在情书中说他见到了自己的太太和艾尔维斯太太的亡夫在阴间结了婚，于是，他继续写道："我们来替自己报仇雪恨吧。"

这封情书被誉为文学的杰作，幽默的精品，富兰克林在这方面可谓为我们树立了一个良好的榜样。求婚的时候，不要直来直去地说"我爱你"，这是拙劣的表示方法。有时运用幽默委婉地表达，能增添更多情趣，制造更美好的回忆。

正是因为如此，人们才乐于用幽默这种含蓄的语言形式在恋爱生活中表达爱的情感，使双方在欢笑中体会到彼此的爱。幽默并不是明星、大师们的专利，普通人也可以运用幽默为自己的求婚增加一些创意。

一个年轻人写给女友这样一封信："亲爱的米拉，我爱你，而且希望你嫁给我。如果你同意，你就回答我。如果你不同意，就连这封信也不用拆开。"

这样一个风趣幽默的人，怎能不备受女性的青睐呢？

有些时候，在平淡的交往中突然加上激情的幽默，它所能产生的效果会出乎想象的好。

有一天，杰克和珍妮去公园约会，珍妮到了以后，发现他一直在低头玩自己的手机，好像在给谁发短信，一副非常投入的样子。当珍妮走近他的时候，他又非常慌张地把手机藏起来。就在珍妮怀疑他是不是隐瞒了什么秘密的时候，突然珍妮的手机接连不断地响起来。原来是他们所有的朋友，都在同一时间给珍妮发来短信，内容都是："嫁给他吧"。

珍妮吃惊地望着杰克，惊讶得不知如何是好。杰克又从包里摸出一枚戒指递到珍妮面前，然后看着珍妮的眼睛，说出了那句最深情的话："嫁给我吧"。

能够获得所有朋友的祝福，不正是一对新人所期望得到的吗？爱的表达需要一些技巧，需要花费一番心思，而运用新奇幽默的方式向对方求婚则可收到良好的效果。

有时候并不一定非要男人幽默，女人也可以幽默，这样两个人的关系才会更和谐，才会让恋人陶醉在爱情中，享受爱情的甜蜜。

有一个姑娘问男友："你为什么总送人造花给我？我喜欢鲜花啊。"男友从容答道："亲爱的，这是因为鲜花总是在我等你的时候就枯萎了。""真的吗？你真的非常爱我吗？"姑娘不放心地追问。"我真的非常爱你。""那你能为我献出生命吗？"男友看着她的眼睛，认真地说："亲爱的，我想这可不行。因为如果我死了，还有谁能像我这样来爱你呢？"

无数事实证明，男女之间互相怀有好感，长出了感情的幼芽，是否使它健康地生长，直到开出花朵，结出果实，如何浇灌语言之水是其中一个重要的因素。

爱情中的缘分，出色的制造者是你的幽默。一个总能给情侣带来快乐的人，显然是具有吸引人的魅力。幽默是爱情之花的催化剂，也是婚姻幸福的保鲜剂。谁都会为浪漫的爱情幽默所感动，谁都会为风趣的家庭生活所陶醉。

当然，浪漫是没有特定的含义的。浪漫不只是花前月下的卿卿我我、甜言蜜语后的耳鬓厮磨，它更是一种生活态度，一种生活方式。寄情山水是旅行家的浪漫情怀，耽于收藏是尚古者的浪漫情趣，咬文嚼字是文人学者的浪漫情愫，不拘礼俗是游戏尘寰者的浪漫情调。正是这种种浪漫情怀，让他们有了浪漫的思维和超乎常人的幽默细胞。

看来，浪漫的爱情不只是在电视或电影中出现，也不只是发生在别人的生活中。只要用心去爱一个人，只要学会运用幽默，浪漫便是时时刻刻。

18.

增加魅力值，幽默是砝码

什么样的人叫做有魅力的人呢？看一个人有没有层次和魅力，主要看他或她有没有"味"。男人有男人味，女人要有女人味。最美的女人是有女人味的女人——它形成女性特有的魅力。最有吸引力的男人是有男人味的男人——它形成男士特有的魅力。其实，不是作为管理者、员工、教师、公务员、演员还是学生，幽默都会使大家更有层次和魅力。比如电视主持人由于幽默风趣，魅力无穷，主持的节目收视率也大大提高，例如央视的毕福剑、崔永元、高博、李咏等。

男士有阳刚之气，女士有柔情万种。因为不同的人体验不同，这个"味"可以有各种各样的答案，但也有共同的认识——是一种特有的、共有的魅力和气质。女人味或男人味是一种魅力、一种境界、一种精神、一种文化、一种发自内心的真挚的爱。如果升华就是一种品位和教养。这种品位和教养，应该包括幽默风趣在其中。幽默风趣，体现了一个现代男人和现代女人的风度和深度，女性的幽默风趣会使女性更具有女人味。国外的一次社会调查显示，在择偶的条件中，有76%的女性把幽默风趣作为心目中的男士的首选条件。爱和被爱都是要有能力的。这个能力应该包括了幽默风趣的能力。

对于一对恋人来说，双方间的默契和幽默感具有一种特殊的作用：它使双方在片刻之中发现许多共同的美好的事物——从前的，现在的，将来的，从而使时间和空间暂时消失，只留下美好的欢乐的感觉。可以这么说，如果没有幽默和笑，那么爱有什么意义呢？甚至爱就是从幽默开始的，以幽默的方式表达。

硕士美女谢娜要结婚了，一向交游广泛的她，在身边众多男子中选择了李贵作为交换婚戒的对象。得知这个消息后，她的几个朋友大感诧异，因为李贵既不是最帅，也不是最有钱的男友。为什么是他？

谢娜的嘴角向上扬起："简单，因为他最能让我笑！"

原来如此！他是以幽默感赢得了美人芳心，笑出婚姻，的确精彩。

那些在女人面前很"吃得开"的男人，不管长相如何，都有一套逗人发笑的本领。只要一与这种人接近，就可以立即感受到一股快乐的气息，使人喜欢与他为友。一个整天板着面孔、不苟言笑的"老古板"，是绝对不会受到女孩子们欢迎的。不少情感心理学研究者认为，男人由于平时比女人话少，所以男人的语言的分量就更被女人所注意。不少男人也正是利用幽默的手段来填补自己语言的匮乏，所以，他的魅力便永驻于人们对他的幽默的回味之中。

幽默有很多的好处，它可以消除人们的困窘之境，发挥令人意想不到的交际效果；同时，可以增进友谊，调节气氛，制造亲切感；幽默还可以消除疲劳和紧张感，使人轻松快乐地面对生活。但是，幽默不是没有节制的，一个男人可能因为幽默而受人欢迎，但另一个男人却可能因为过分的幽默而使人反感。奉劝男人好好地把握自己，做幽默的天使，且莫成为那种哗众取宠的幽默的奴隶，否则，他所应具有的魅力就会随之荡然无存了。

有人说："恋爱中的人智商为零。"也有人哀叹："恋爱使人晕头转向。"这当然是人们对于恋人之间爱到深处的调侃。事实上，恋爱正是人们展现自身智慧的绝佳场所。从相互表白的方式，到弥补错误的技巧，以及应付恋人之间相互的小刁难，恋爱中的男男女女无时无刻不在展现着恋爱的智慧。幽默的话语，机智的应答，为恋爱生活平添了无穷的乐趣。例如下面这位女孩子，在面对男方的甜言蜜语时就幽默地展现了她的机敏、可爱和风趣。

男："请你相信我，我真的很爱你。"

女："你让我怎么相信呢？"

男："我那纯洁的爱情只献给你一个人。"

女："那么，你想把那些不纯洁的给谁?"

上面的女孩就是根据男方话语之中的漏洞突然地产生了幽默的灵感。恋爱生活中，这样的幽默有时候是在无意识中被运用的，往往是灵感突现的神来之笔。而大多数情况下，幽默是被人们有意识地运用的，这种经过日常幽默素材的积累，到一定程度就会在特殊的时刻爆发，给恋爱生活带来无比的欢乐和情感。

请看这一对恋人的表现。

一对恋人进入了热恋阶段，他们在公园里如醉如痴地亲热后，女朋友问："我问你，别瞒着我，你在和我亲热之前，有谁摸过你的头，揉过你的发，捏过你的颊?"

男朋友说："啊，这太多了，昨天，就有一个……"

女朋友愕然，忙问："谁?"

男朋友说："理发师。"

这位男青年把"还有什么女孩子亲热你"的概念转移到"理发师"身上，一语出口，谁不为之一笑呢?

爱情的表达，本无定式，直率与含蓄，各有各的价值。但由于恋爱时两人的羞怯心理和追求爱情成功与否的不确定性，为了使得话语具有弹性，不至于显得尴尬，表达爱意的语言还是以含蓄为宜。

正是由于这样，幽默作为一种含蓄的语言形式，就具有了迷人的诱惑。人们乐于以此表达爱的情感，使人在欢笑中体会到彼此的爱。

在一个小山村里，有位小伙子爱上了一位姑娘。

一天，小伙子以借东西为由来到了姑娘家中，姑娘正在家烤玉米和土豆，小伙子走到火炉旁，突然故作惊讶地说："你家的火炉跟我家的火炉长得一模一样。"

姑娘被逗笑了："你真逗，都是火炉，能有多大的区别呢?"说着从火炉里取出了烤好的玉米请小伙子吃。

小伙子深深地用鼻子吸了一口气，赞叹道："好香啊！"姑娘说："吃吧！有好多呢！香就多吃点！"

小伙子问："那你觉得你用我家那个一样的炉子也能烤出同样香甜的玉米吗？"

姑娘听出了小伙子的意思，面带红晕地答道："我想我可以去试试。"

运用幽默的话语博得恋人一笑，恋爱中的姑娘充满娇俏的馨香趣语更是动人。

如果你有一位机灵又好出难题的女友，那你就得练好临事而顿悟的功夫了。而恋人之间，有的人会将爱藏在心底，以"口是心非"的方式来回答对方的提问。面对这样的恋人，不妨试试下面这招"借力打力"的方式：

女："我爱你。"

男："你上次不是说不爱我吗？"

女："咳！你真傻。我们女孩子嘴上说不爱，其实心里很爱。"

男："哦！那么你现在是不爱我了。"

上面的男士就是采用了一种返还的幽默，设陷阱将女友的话语引入到前后矛盾的境地，同时也展现出自己的聪敏，进而赢得女友的爱。幽默的恋爱使人成长，而这样的机智幽默，便是恋爱之中的必修课。

幽默就如令人心醉神迷的魔术，使恋人间保持着深深的吸引，散发着机智的甜言蜜语，令你在恋人面前充满了难得的魅力。是的，爱和被爱都应该是一件愉快的事情，通过幽默风趣可以使爱和被爱真正愉快起来。

19.

酸溜溜的醋意，幽默来稀释

恋爱中的男女容易"吃醋"，对于爱吃醋的恋人，往往让另一方手足无措。其实，如果用幽默来稀释一下这"酸溜溜"的醋意，就能够好好地品尝一下爱情的美妙滋味了。

借题发挥，往往能化解醋意。这里有一个关于"吃醋"的典故。

一次唐太宗李世民要向宰相房玄龄赐一美妾，房玄龄的妻子坚决不同意。太宗大怒，赐她毒酒一杯，要她选择：要么同意房玄龄纳妾，要么喝毒酒而死。房玄龄的妻子毫不犹豫地接过毒酒一饮而尽，过了一会儿却没有发现一点儿中毒的迹象。最后才弄明白，其实太宗赐的乃是陈醋。

从这个典故就可以看出，"吃醋"实际上是对自己所爱的人与其他异性"交往"的一种嫉妒和由此而引起的不满。下面这个幽默故事可以帮你理解上面所说的"交往"的范围界定。

一位刚刚荣升某大企业总经理的男人，在办完所有的交接手续后，就和他的女友开车去野外溜达，放松心情。

半路上他们到一个加油站加油。他说自己有些累了，想休息一会儿，就叫女友下去加油而自己留在车上。没想到女友和加油站的老板有说有笑，非常开心，而且临走时还互相握了一下手，这时他就心生醋意。加完油，女友回到车上。

"刚才你和那个站长真是有说有笑啊！"他不高兴地说。"他是我的高中同学，还有过一段感情！"女友回答说。

"你呀，如果当初选择他，现在就只是加油站长的女友，哪里会是总经理的女友呢！"他有点吃醋地说。

"你要搞清楚，如果我当初选择了他，现在当总经理的就不会是你，而是他了！"女友很认真地回答。

对于爱吃醋的一方，可以借用幽默避其锋芒，转弯抹角地将对方的醋意轻轻弹压一下，而又不刺伤对方，同时也可以消解对方的妒意，维护双方的爱情。女友有时打翻了醋坛子，即兴展示自己的嫉妒，也能给爱情生活增添不少光彩。

一对恋人参加聚会，女孩子发现男朋友用羡慕的眼光不停地偷看身边坐着的那位艳丽的女郎，便在他身边悄悄说道："你和她说句话吧，不然别人会以为她是你的未婚妻了！"

看，这位女孩子多么聪明，一下就把男朋友从失态中唤回来了。这种钝化了的攻击，任何男人都会接受。

当然，脾气较大的女孩子是无此幽默的，她会醋火上升地给男朋友当头一棒："看什么呢？真没出息！"如果男的气量也小，一定会各奔东西。因此，处理这类事情男人的幽默感也很重要。

一对恋人正在海滩上躺着，女孩看到一个穿着最新款三点式泳装的女郎站在海滩上搔首弄姿。

"喂，你看！"她向男朋友叫道，"她和你崇拜的×××一模一样。"

但男朋友并不理会，闭着眼睛躺在那儿。

"怎么？难道你真的一点都不感兴趣吗？"女孩诧异地问道。

"当然，"男朋友说，"如果她真和×××一样，你是绝对不会让我看的。"

这位男朋友面对女朋友的讽刺，非常冷静，用带有幽默感的攻击回敬了她，既批评了女朋友的小气心理，又表达了他知道她很爱他的情感。

一对恋人一起去参观新潮美术展览，当他们走到一幅仅以几片树叶遮掩着私处的裸女像油画前时，男友很长时间都不想离开。

女友忍无可忍，狠狠地揪住男友吼道："你想站到秋天吗？"

这位醋吃到油画上的女友，幽默神经可够发达的。其实在我们周围，我们随时可以看到一些聪明的恋人是怎样以开玩笑的方式来表达爱情的。

一日，一女孩去男友那里玩，在男友抽屉里竟翻出一大沓美女相片，女孩马上就吃起醋来。

男友扔之不忍，留之不行，灵机一动，在每张相片背后写上一句：

"再美美不过我的女朋友"。

女孩方才眉开眼笑。

其实，"醋意"人皆有之，不管是男人还是女人，从某种意义上讲，没有了醋意，也就没有了爱情。但是"醋意"大到敏感、猜疑、神经质，以至于影响到恋人之间情感的程度就不好了，醋吃得适量可以开胃，吃多了伤身。

在恋爱中，如果一对情侣爱得浓情蜜意难舍难分，此时偏偏冒出个第三者，哪怕只是和其中一方眉来眼去暗送秋波，另一方也会出现心里泛酸、心绪难平的异样感受。于是，"吃醋"的现象便不由自主地发生了。

其实，在恋爱中，如果两个人对彼此视而不见、一点醋都不吃，爱情也就淡而无味了。偶尔吃一回醋，说不定就能给平庸琐碎的生活"吃"出一片广阔的天地。

一对情人漫步在花园里。

小伙子说："亲爱的，你就像这鲜花一样美丽。"

"你呢？"姑娘问道。

小伙子说："当然是偎依在鲜花上的蝴蝶。"

姑娘皱眉道："我讨厌它。"

小伙子不解地问："为什么？"

姑娘说："你难道没有看见吗，它又飞到别的花上去了。"

吃醋吃到花草蝴蝶上，看似有些无理取闹，但是，恋爱中的女孩子，时不时在心上人面前吃个小醋，在某种程度上就跟抹了淡妆一样娇艳动人。

大家都知道爱情是自私的，但有时处理不好会使恋人的关系走向破裂。如果你吃恋人的醋，不妨用一种幽默的表达让对方知道，像下面这则幽默：

男："你是我的太阳……不！你是我的手电筒！"

女："怎么，不是说太阳吗？"

男："不行，太阳普照所有的男人，我只希望你照着我一个人。"

巧用幽默，就能使醋意变得温和、恬淡而富有情趣。有人说，吃醋是一种善意的嫉妒，也有人说，吃醋是一种爱和关心的别样表现。

由此可见，小小的吃醋，也是升温爱情的一种方式，但是切记不要过度。所谓"小醋怡情，大醋伤情"，在吃醋的时候，用幽默来稀释一下，味道就不会那么难以下咽了。

20.

含蓄幽默，更易叩开恋人心扉

说话含蓄是一种艺术，同时也是幽默的一大技巧。常言道："言已尽而意无穷，含义尽在不言中。"不论单身的朋友还是热恋中的男女，都应重视幽默在恋爱中的作用。并适时地在谈情说爱中运用含蓄幽默，会达到意想不到的效果。

在某航空俱乐部的一次集会上，一位漂亮的空中小姐身着晚会装，胸部半裸，颈上系着一个闪闪发光的金色小飞机垂饰。

一位腼腆的青年空军军官，看到女孩子白皙、丰满的胸部，便难为情地低下了头。

这时，这位魅力诱人的女孩子温柔沉静地问他说："啊，你喜欢这个金色小飞机吗？"

空军军官只说了一句话，话声虽低但很清楚："小飞机非常漂亮，可更漂亮的是……"漂亮的女孩子看了看垂饰。这时，空军军官最后鼓起勇气说："更漂亮的是机场……"

顿时，女孩子开心地笑了。

这句话使她感到意外，因为他并没有说："漂亮的是你的胸部。"

这样表述就俗不可耐了，而是暗示她说"更漂亮的是机场……"。幽默终于使他们相互深深地吸引。

爱情的表达本无定式，直率与含蓄各有价值。但是大家都习惯以含蓄为宜，一是使话语具有弹性，不至于由于对方拒绝就不能挽回局面；二是符合恋爱时的羞怯心理。

一位青年是这样向他那位在银行储蓄所当出纳员的女友求爱的。

"小姐，我一直在储蓄这么一个想法，期望能得到利息。如果星期天有空，你能把自己存在电影院里我旁边的那个座位上吗？我把你可能已另有约会的猜测记在账上了。如果真是这样，我将取出我的要求，把它排在星期天。不论贴现率如何，做你的陪伴是十分愉快的。我想你不会认为这是诽谤吧，以后来同你核对。真诚的顾客。"

在这里，"储蓄"、"存在"、"记在"、"取出"、"贴现率"、"核对"、"顾客"，由于处在特殊的语言环境，就都具有双重意思，而且句句双关，风趣诙谐和真诚恋情从字里行间跃然而出。难怪他的女朋友抵挡不了这迷人的诱惑。

古人有诗"我泥中有你，你泥中有我"，正是恋人如胶似漆般恋爱的真实写照。让爱更亲密，需要恋人用心营造浪漫的气氛，同时也需要用你的机智与幽默说出你内心深处的浪漫情怀。

恋人之间随着相爱程度的加深，自然而然会有身体上的接触，会有亲昵的举动。这一切都是正常的，恰当的。但是有的人比较大方，而有的人比较胆怯。面对羞涩的爱人，也许你可以试着以幽默破除你们之间的壁垒。

一个小伙子天生胆小，虽然很想与女朋友亲近，就是没有勇气做实质性的尝试。他的女友也很着急。一天晚上，他和女友在花园里约会了，女友就想了一个鼓励他亲近自己的办法，对小伙子说："听人说，男人手臂的长度正好等于女子的腰围，你相信吗？"

小伙子一下子站了起来，终于挽住了心仪女友的腰说："来，我给你比比看。"

女孩主动说出了男友不敢说的要求，聪明幽默地表达了双方的"亲近"需要，而又没有让自己觉得尴尬。这样的女孩不让她的男朋友欢喜得发狂才怪呢！

一个小伙子从后面轻轻蒙住了恋人的眼睛："给你三次机会猜猜我是谁？猜不中就让我吻你。"

女友张嘴就说："你是莫扎特？徐志摩？达·芬奇？都不对？那你赢了！"

谁都听得出，女友喊出的这一串人名，是幽默地告诉男友"吻我吧"，相信男友心里也是乐开了花。

当然，女孩子大多都是羞涩而拘谨的。作为男友，在表达亲近需要的时候，就需要格外的幽默技巧。例如，也有的女孩比较羞涩，面对恋人的亲昵，会采取另外的方式。

一个小伙子在街上拥住女友正要亲吻。

女友扭过头说："街上那么多人。"

小伙子说："再多人我也只吻你啊，我不会吻他们的。"

女孩子娇羞地笑着说："那么多人会看到的。"

男友一本正经地说："嗯，那我们闭上眼睛好了。"

闭上眼睛自然也就看不到别人看自己的眼光，男友这种"掩耳盗铃"的说法，貌似自欺欺人，实际上则是用一种幽默的方式开导女友的顾虑，使彼此能够更加投入地享受二人世界。在大街上旁若无人地接吻，当然是恋人爱到深处极为浪漫的做法。烛光晚餐、鲜花，都是营造浪漫的绝佳武器，如果想让这种浪漫气氛更为浓烈，就多想想办法用幽默来锦上添花吧。

一个小伙子送一束鲜花给他的女友，女友见了一时高兴，抱着他就吻，他连忙挣脱向外就跑。

"什么事！"女友不解地问。

"再去拿些花来。"他说。

小伙子幽默地将鲜花数量与亲吻数量对等，营造出一种令人忍俊不禁的效果来，女友自然会觉得更浪漫。

在微妙的恋爱关系里，每一个细微的动作、每一句话语，都由微妙的心理因素支配着，如果你能技巧性地掌握和运用这些因素，在爱情的角力之中就会更胜一筹。

含蓄幽默表达法有一定难度，它要求有较高水平的说话艺术和高雅的幽默感，它体现了说话者驾驭语言的能力和含蓄表达幽默的技巧。所以说，要想叩开恋人的心扉，用含蓄幽默法会有出奇制胜的效果。

21.
恋爱小摩擦，用幽默来润滑

俗话说：天有不测风云。其实，人生也是风云难测，爱情更不会一帆风顺。那么，如果恋爱中出现了小摩擦，该怎么做呢？如果能够适当地加入幽默这种润滑剂，不仅能够避免双方的摩擦，还能增进双方感情。

有一位历史系硕士生，在热恋之际，仍手不释卷地用功读书。

女友不满地说道："但愿我也能变成一本书。"

硕士疑惑不解地问："为什么？"

"那样你就会没日没夜地把我捧在手上了。"女友说。

看到她满脸不快，硕士打趣地说："那可不行，要知道，我每看完一本书就要换新的……"

女友急了："那我就变成你书桌上的古汉语词典！"

说完，她自己也不禁扑哧笑了。

恋人情侣间也难免会有磕磕碰碰的时候，此时达观一些，逗逗乐子，干戈便可化为玉帛，换得一份美好的心情。

小君与男友闹别扭后，两人不谋而合地决定用"彼此不联系"的方法来"惩罚"对方，半个月后，两人都有些支持不住，小君准备向男友妥协，她打电话给他说："我的一本《计算机原理》放你那儿了，我急用，你方便的话请给我送过来好吗？"

男友接到小君的电话心花怒放，心生一计，他故意显得病恹恹地说："按说我应该给你送过去的，可是这几天不行，因为我在正在生病。"

小君一听不由得有些担心起来，问道："你怎么啦？"

"我得了一种很严重的病，听说那叫相思病。"

欲擒故纵的幽默让两人同时笑了起来，一笑之际怨气全跑了，男友为两人的"重续前缘"铺好了台阶，小君就势原谅了他。当你也遭遇如此的麻烦时，不妨也试试在那一刻能直达人心灵深处的幽默的力量，以此来打破"平静"，从而使你们重归旧好。

恋爱中约会迟到是非常常见的事，约会本是男女双方增进了解的探索性阶段，也是恋爱季节里最富有魅力的活动，当对方约会迟到时，有的人暴跳如雷，有的人委屈落泪，而真正有智慧的人则会使用幽默的语言去点醒对方。

一位小伙提前半小时来到公园门口，可姑娘却迟到了45分钟，小伙子看到她真是又爱又恨，说轻了难以发泄心头的不满，说重了又怕姑娘生气，怎么说她好呢？见姑娘"脸不变色心不跳"一副心安理得的模样，小伙灵机一动，幽默地说道："哎，人们都说一日不见，如隔三秋，可我对你却是一日不见，如隔千秋啊，如果你再晚来十分钟，恐怕我都要变成白胡子老头了。"

本来就理亏的姑娘听到小伙子如此幽默的抱怨，不禁对他另眼相看，借机撒娇道："好了，别生气了，下次换我'等你到白头'还不成吗？"

　　两句游戏一般的语言化解了一场不快，男女双方珍视对方的心情更是心有灵犀一点通。难怪有人说，对于一对恋人来说，双方之间的默契和幽默具有一种特殊的作用：它使双方同时发现隐藏在不快中的许多美好的事物，从而使误会和分歧暂时消失，只留下美好欢乐的感觉。所以，在恋人面前千万不要吝惜你幽默的智慧和情趣，与他（她）共享快乐，给恋爱生活增添更多的美丽心情。

　　恋爱就像跳双人舞，再高超的舞者也难免有踩脚的时候。犯错误是恋爱中无法避免的事。那么，当恋人间的一方做错了事或误了事的时候，难免要作个解释，此时用简短的幽默可代替自己的一大段解释，也可以避免对方一大串的埋怨。

　　小敏与男朋友约会常常因故迟到半个小时。

　　第一次，她自我责备地说："我迟到，我有罪，我罪该万死！"

　　第二次，她转守为攻地说："一定是你的表拨快了半个小时！"

　　第三次，她还是有理由："我的表是北京金秋时间，比夏令时晚半小时！"

　　她每次都逗得男朋友又气又笑，不过，天底下有哪个女孩约会从来没有迟到过呢？于是男朋友也就一笑了之。

　　小敏靠着幽默解释了自己的过失，也获得了男朋友的原谅。但是，迟到终究不是一个好习惯，恋人能够容忍，是因为相爱的包容，所以还是要谨慎为之。如今，"野蛮女友"越来越多，这不仅是现代女性个性的体现，更是男性们包容的结果。当然，男人往往好面子，爱吹嘘，也就容易出现面对女友"当面羊，背后狼"的状态了。

　　一次聚会上，大家玩得十分尽兴，阿明对阿成说："听说你女友是个'河东狮'？"阿成借机吹嘘："哪里，她见了我像见了老虎一样！"谁知被女友听到了，责问他："你说，到底谁是老虎？"阿成只好讨好地说："我是老虎，你是武松呀！"

　　上面的阿成就是巧妙地运用了"武松打虎"的典故，化解了恋人之间的矛盾。面对"野蛮女友"，你不妨试试这一招。

恋人间交往要善于使用幽默的谈吐，诚恳对人，热情大方，自尊自重，以自身良好的修养和人品赢得对方的尊重和爱。即使遇上磕磕绊绊的时候，幽默说话也可以"化干戈为玉帛"。

一个小伙子犯错惹得女友生气了，女友一连好几天都不理他。小伙子只好将一袋女友爱吃的红苹果和一罐红豆放到女友家门口，并留下字条，上面写道：

红豆生南国，春来发几枝。

愿君多采撷，此物最相思。

送你一苹果，愿解心头锁。

唯有一事求，请你原谅我。

红豆寄相思，苹果表歉意。

面对小伙子那么有才情的诗句，女友必定将心里的不快化作莞尔一笑了吧。

如果你惹得恋人生气了，应该怎么办呢？下面来看看这位小伙子是怎么做的：

一对恋人吵架了，女友气得拂袖离去。小伙子一把抓住女友的手，把她带到附近的餐厅里，温柔地说："亲爱的，要走，吃了东西，你才有力气走；要吵，吃了东西，你才好跟我吵架啊。"看到男友这样来逗自己，女友也忍不住笑了。

小伙子的话，不仅用幽默博得女友一笑，还传达出了深深的关爱之意。小伙子及时的幽默使得双方的矛盾隔阂很快消除。

虽然说"相爱容易相处难"，但只要怀着一颗热爱生活的心，有着一双善于观察生活的眼睛，珍惜恋人间的感情，谈情幽默便会像喷泉一样不断地涌出。

22.

幽默拒绝，善意不伤人

在谈情说爱中，幽默总是有着神奇的推动力，它像助推火箭，推动爱情之星扶摇直上，它也像大功率的发动机，推动爱情之舟一路向前。同样，拒绝别人是一种艺术，幽默地拒绝别人，既不会让人难堪，又能含蓄地表达自己所要表述的意思。因为爱本没有错，那么不要因为拒绝伤害一颗有爱的心。

撒切尔夫人年轻时在拒绝一名男子的求婚后，安慰他道："亲爱的先生，你不必太过于悲伤，我会永远地记住你并且欣赏你的好眼光。"

用幽默的语言坚决而又不乏韵味的拒绝，总是好过直接地说"对不起，我不喜欢你"。

幽默地拒绝别人时言辞首先要恰当，既要把自己的意思表达清楚，让对方没有心存幻想的余地，又不要太不近人情。

某医院的护士小倩长得漂亮又机灵，大家都很喜欢她。

这天下班，办公室年轻的孙医生对她说："小倩，一同去吃饭好吗？我有一件很重要的事想跟你说。"

小倩立刻就明白了"重要"的含义。于是她笑着说："好哇！我也正好有事情要你帮忙呢。"

孙医生一听高兴极了，含情脉脉地说："行，只要是帮你的忙，我一定两肋插刀。"

小倩又笑了："可没那么严重。只不过是我男朋友脸上长了几个青春痘，我想问你怎么治疗效果比较好。"

运用这样幽默含蓄的方法拒绝，通常情况下都很有效，有些人会采用幽默的语言来表白。这时候，被追求的一方如果想要拒绝对方的求爱，更应该幽默以对。这样既可以达到自己的目的，也不至于伤了求爱者的自尊。

"亲爱的玛丽，"年轻的威廉在信中写道，"请原谅我再次打扰你。由于我的热恋使我的记性如此糟糕，我现在一点儿也记不起来，当我昨天向你求婚的时候，你说的是'行'还是'不行'。"

玛丽很快回了信，信中写道："亲爱的威廉，见到你的信我真高兴。我记得昨天我说的是'行'，但是我实在想不起是对谁说的了，再一次吻你。"

玛丽的幽默拒绝既态度鲜明地表达了自己的立场，又保全了威廉的面子，对他造成的打击不至于太大，而且有抚慰疗伤的作用，以后双方再见面也不会太尴尬。

有位打字员小姐，收到一封她无甚好感的男同事的求爱信，她拒绝了。可对方一如既往，继续写信。

于是有一天，这位小姐把她重新打了一遍的信连同原信一起寄了回去，并附了一张条子："我全都替你打完了。"

从此，小伙子再也不寄这种信了。

这位小姐巧妙地利用她的职业特点，用行动幽默地回绝了男同事的求爱，但又不会使对方特别难堪，实在令人佩服。

一位年轻的厨师给他喜欢的姑娘写了一封情书。他这样写道："亲爱的，无论是择菜时，还是炒菜时，我都会想到你。你就像盐一样不可缺少。我看见鸡蛋就想起你的眼睛，看见西红柿就想起你柔软的脸颊，看见大葱就想起你的纤纤玉指，看见香菜就想起你苗条的身材。你犹如我的围裙，我始终离不开你。嫁给我吧，我会把你当做熊掌一样去珍视。"

不久，姑娘给他回了一封信，她是这样回复的："我也想过你那像鹅掌的眉毛，像西红柿的眼睛，像大蒜头一样的鼻子，像土豆似的嘴巴，还想起过你那像冬瓜的身材。顺便说一下，我不打算要个像熊掌的丈夫，因为，我和你就像水和油一样不能彼此融合，你能明白我的意思吗？"

这样的回敬不仅伤害了对方，也从另一个侧面反映出这位姑娘自身在说话做事的方式上尚有不够成熟、不够得体之处。这样的人无法赢得别人的好感，即使对方对你的第一印象再好，以后也会大打折扣。更严重的是，一旦对方发现你并不善交际，不懂得人情世故，就会对你产生反感，所以回绝别人时一定要有分寸。

在恋爱中的幽默拒绝还有另一种形式。那就是表面拒绝，但实际上话又没有说死，有着"欲拒还迎"的效果，似拒非拒，从而制造出一种浪漫的气氛。这适用于那些关系已经特别好的人，尤其是来往密切的朋友。如果你对对方确有好感，认为你们有较大的发展可能，那不妨采取这种方法，让对方在调侃中心神领会。

女：你别装傻，你到底知不知道我喜欢你啊。

男：我不知道啊。（迷茫）

女：哦，那你现在怎么想。（不解）

男：我在想？我为什么不知道。（笑）

女：你真坏啊……（笑）

这样的拒绝其实更多的是在幽默地挑逗，在制造双方之间对话的情趣，在"否定"的回答中蕴涵着肯定的意味。再比如，用这种"顾左右而言他"的装傻式拒绝来接受对方，更能产生极大的情趣，留下美好的回忆。

女：我喜欢你。

男：我心情不好。

女：我不是想给你压力。

男：我昨晚没睡好。

女：那你能接受我吗？

男：昨天那场考试我考砸了。

女：你别顾左右而言他。

男：我们不合适，我知道你昨天考得很好。

女：这不是重点吧。

男：那什么是重点，你再重说一遍……

女：……

拒绝异性的青睐是一门学问，幽默的拒绝则是这门学问中的精华，这还需要有心人、有情人慢慢体会和琢磨。

一位老姑娘来到婚姻介绍所，对工作人员说："我感到太寂寞了！我有遗产，什么都不缺，只少一个丈夫。你们能帮我介绍一个吗？"

工作人员说："你能谈谈条件吗？"

老姑娘说："他必须是讨人喜欢的，有学识，懂礼貌，能说会道，喜欢运动，最好还能歌善舞，趣味广泛，消息灵通……当然，最重要的一条，我希望他能整天在家里陪着我。我想要他说话，他就会开口；我不要他说话，他就能闭嘴。"

"我懂了，小姐，"工作人员耐心地听完后说，"你需要的是一台电视机。"

能够得到别人的爱是你的一种魅力，而能够巧妙地拒绝别人的爱也是你的一种魅力。你的拒绝如果能够加上你用心的一点幽默，也会让人在笑声中感受到你体贴入微的温暖。

人有爱的权力，自然也有不爱的权力。当有人向你表白，希望与你恋爱，而你的心里并不喜欢对方，当然是要拒绝了。但是，拒绝对方的言辞是需要委婉恰当的。倘若你的言辞过激，不仅会伤人自尊，还可能使对方因爱生恨；而倘若你的言辞过于隐晦，又容易让对方心存幻想，继续与你做无谓的纠缠。因此，恰当地把握拒绝的分寸是十分重要的。我们先来看看一位姑娘的表现：

有一个小伙子向一位姑娘表达爱慕之情。

姑娘问道："你真的爱我吗？"

小伙子："是的，我敢对天发誓……"

姑娘："那你用什么表示呢?"

小伙子："用这颗赤诚的心。"

姑娘委婉地说："对不起，你是唯'心'主义者，我可是唯'物'主义者啊!"

小伙子所讲的"赤诚的心"，同唯心主义和唯物主义的哲学名词原意是毫不相干的。姑娘在这里把它们反常地联系在一起，使人感到非常谐趣新奇之余，也将拒绝的意思表达得很清楚了。如同我们前面讲到的，有些人也会采用幽默的语言来求爱。在这个时候，被追求的一方如果要拒绝对方的求爱，更应该幽默以对，这样既能够达到自己拒绝的目的，也不至于伤了求爱者的自尊。

钢琴师向同乐团的一位姑娘求爱，情书上写道："你的皮肤像白色琴键那么白净，你的头发像黑色琴键那么黑亮，你在我眼里，是世界上一架最美的钢琴。"

那位姑娘回复道："可是我是拉小提琴的，而从你身材看来，很像大贝司（低音提琴，样式笨大）。我担心我们琴瑟不谐呀。"

姑娘针对钢琴师充满职业特性的求爱信，采用同样充满职业性的方式予以拒绝。由琴瑟和谐到琴瑟不谐，拒绝的语言也透出高雅的气质。在现实生活中，你也许会遇到对方抱着谈情说爱想法的约会，为防患于未然，如果你不喜欢对方，最好尽早对此婉言谢绝，让对方明白你的心思，放弃对你的追求。

求爱是一种艺术，拒绝同样也是一种艺术，幽默地拒绝别人，在表达自己意思的同时不会让人难堪，又能提升个人形象，这就是幽默的独特魅力。

柴米油盐：
幽默是家庭和谐的调节器

有人说："没有幽默感的家庭就像个旅店。"这话固然过于偏激，但却说出了幽默对于家庭的重要性。因为浪漫只是一瞬间，漫长变得很平淡。夫妻之间总要有一个从花前月下到柴米油盐的过程。幽默与相敬如宾并不绝对矛盾，情意绵绵中的幽默更是不可或缺，至于缓解别扭、消除误会，更是幽默的特异功能。夫妻之间如果能够经常用幽默对白，会让平淡的生活变得多姿多彩。

23.
有幽默相伴的家庭最幸福

一个幸福的家庭，需要一颗热情的心，一份真挚的爱，更需要一两句俏皮的话语，让家庭充满幽默，充满欢乐。不要认为幽默只是社交生活中的润滑剂，同时也是使家庭和谐的润滑剂。是的，现代的家庭就是一个小社会，自己人之间也需要包括幽默在内的各种调剂，不然，家庭的活力就会衰减。

家庭是每个人停泊的港湾，是每个人快乐的源泉。家庭是爱的融合，是情的交汇，是心灵的驿站。在温暖的家庭里，一个熟悉的眼神，能带来幸福的享受；一句温暖的话语，能融化内心的寒冰；一份小小的礼物，能带来无比的喜悦。在日常的家庭生活中，我们该如何获得这份属于家庭的和谐与幸福呢？当做错事的时候，该如何及时地送上我们的歉意呢？当遭遇矛盾的时候，我们该如何化解呢？

著名剧作家沙叶新幽默感极强，其女儿也天生具有幽默细胞，还在童年时就对"女大不中留"有过一番妙论："我认为'女大不中留'的意思就是……嗯……就是女儿大了，不在中国留学，要到外国去留学。"后来她果然去了美国留学。

一次回国探亲，沙叶新的女儿和父母谈起同在美国留学的弟弟，说弟弟想娶个黑人姑娘，母亲不由大吃一惊，之后表示反对。"妈妈怎么还有种族歧视？黑人女孩是黑珍珠，身材好极了，长得也漂亮。"女儿说道。

"我倒没有种族歧视，"沙叶新插话说，"我就担心他们以后给我养个黑孙子，送到上海来让我们带，万一晚上断电，全是黑的，找不到孙子那不急死我们！"

女儿连忙说："那没关系，断电的时候你就叫孙子赶快张开嘴巴，露出白牙齿，那不是又找到了！"

在父女之间这场温情脉脉的唇枪舌剑中，父亲显示了他开阔的胸襟、年轻的心态和幽默的天性，而女儿更是青出于蓝而胜于蓝，她机智的回答、狡黠的反击为久别重逢的父女增添了一份额外的喜悦。

幽默的氛围是家庭幸福和谐的一个标记。一个和谐的家庭一定是需要有一个相对宽松、充满温情的快乐氛围的。这种快乐，多半就是由一些家庭生活中的幽默而来的。和谐的家庭生活是令人向往的，如果说家人的相互宽容是这种美满生活的必需品，那幽默诙谐的语言就是这种美满生活的调味剂了。

美国前总统西奥多·罗斯福就是一个对孩子宽容的好父亲。

一天，有人去白宫拜访美国第 26 任总统西奥多·罗斯福。当他们在办公室交谈的时候，罗斯福的小女儿爱丽丝也在，而且跳来跳去，时常打断他们的谈话。那人有点不舒服，抱怨道："总统先生，难道你连爱丽丝都管不住吗？"罗斯福无可奈何地说："我只能做好两件事中的一件。要么管好爱丽丝，要么当好合众国总统。既然我已经选择了后者，对前者就无能为力了。"

我们不得不敬佩罗斯福总统。他是一位慈祥的父亲，对于小女儿的调皮，他没有当着客人的面大声斥责，他更是一位得体的外交家，对于他人的发难，他幽默婉转地给予了解释。这样，罗斯福总统不仅可以在女儿心目中树立起慈祥的父亲形象，而且又能得到他人的良好评价。

抱怨常常成为亲情的杀手，它像慢性毒药一样慢慢侵蚀着亲情的堤坝，抱怨没有一点儿的好处，毫无用处。所以，停止抱怨，试着用爱来接受、关心家人，那么收获的不但是温馨，更是爱的喜剧。

一天，丈夫外出，穿了件崭新的白上衣，没料到遇上倾盆大雨，把全身淋透，不但成了个落汤鸡，上衣上还粘上了很多污泥。

到了家门，看门的狗狂吠不止，并扑向他身上。丈夫很生气，正想拿起一根木棒打它时，妻子出来说："算了吧，别打它。"

丈夫生气地说："这条狗真可恶！连我也认不出来了。"

妻子说："亲爱的，你也要设身处地为它想想，假如这条白狗跑出去变成一条黑狗回来，你能认得出来吗？"

妻子举了一个小例子来安慰生气的丈夫，同时说明了道理。丈夫必会被这幽默逗笑，在妻子深情的关怀面前，丈夫被雨淋成落汤鸡的不快也会化为乌有。

家里天天上演欢歌笑语的喜剧当然也不现实，难免会有磕磕碰碰、产生小摩擦的时候，有的时候是家人不小心犯个小错误，这些都是生活不可缺少的插曲，只要和爱的主题紧密衔接，顺利过渡，生活的变奏曲一样可以演奏得声情并茂。

所以，当家中某个成员不小心做错事的时候，他自己已经非常自责了，他要的不是雪上加霜，更不是幸灾乐祸，也不是我们的唠叨和责备，而是我们的谅解、安慰和关怀。

一对夫妻结婚 30 年了，妻子为丈夫煮了 30 年的饭。这天，妻子煮了生平最难下咽的晚餐：菜烂了，肉焦了，凉拌菜没有一点咸味。丈夫默默地坐在饭桌旁嚼着，一言不发，她心里很自责。而当她正要收拾碗碟时，丈夫却突然把她一抱，吻个不停。

"你这是怎么了？"她问。

"哈！"他答，"今晚这顿饭跟你做新娘子那天煮的是一模一样，所以我要把你当新娘子看待。"

真是难得丈夫能够想得出这么绝妙的点子来。丈夫这一番幽默所表达的爱和关怀胜过任何安慰，让妻子品味出浓浓的爱意，感受到无比的幸福。

现代社会，随着人们生活节奏的加快，人们把更多的精力放在了拓展人际关系、发展事业、教育子女等上面，和家人之间相处的时间越来越少，交流也越来越少，亲情自然也变得好像有些淡漠了。其实，不妨准备一本家庭留言簿，把对对方的爱和关心用幽默的方式表达出来。

有一个一大早要出门上班的丈夫给妻子这样留言：

"天气预报，可能是虚假广告。天亮时有雷声，估计天公会开动生产雨水的流水线……我把咱们家的小天空折叠，放在了你的包里。"

试想，当妻子撑着折叠伞走在雨中的时候，是否会感到这头顶美丽的小天空就是爱的延伸、家庭的活动屋檐？

能够与我们白头到老的人永远是我们最爱的人，他陪伴着我们度过人生的大半部分，这些生活中的磕磕绊绊又算得了什么呢？如果这些磕磕绊绊用一个小幽默就可以化解，我们又何乐而不为呢？在许多家庭中，婆媳矛盾似乎是一个很难化解的家庭问题。其实，有些小矛盾只需一两句话就可轻松调解。

一次，一位媳妇跟一位婆婆因为一件小事情闹矛盾，媳妇不小心地说了句："老不死的！"当说完这句话后，媳妇也很后悔，但是说都说了，也没办法收回了。眼看一场唇枪舌剑即将打响，但出乎意料的是，婆婆回答道："谢谢！谢谢！"婆婆的话让媳妇摸不着头脑。老人又对她说："你说我老不死，不就是祝愿我更加健康长寿嘛！"媳妇没料到婆婆竟会说出贬义词新释的话，这让她非常羞愧，乖乖地低下头，对婆婆说："妈，对不起，我不该那么说你，只是当时太生气了。"

一场即将上演的婆媳之战就这样被老人胸怀大度地用一个幽默解了。其实生活就是这样，酸甜苦辣都有，只需我们都多一些乐观，多一些宽容，多一些理解，再添加一些幽默的作料，我们的生活也就少了一些矛盾，多了一些幸福，我们的家庭也就更加和谐了。

所以，在家庭里，幽默是最好的调合剂。幽默不仅是自身心理卫生的润滑剂，而且也是打开他人心扉、驱散心头阴云的春风。家里常有幽默，欢笑油然而生，烦恼溜之大吉。怒目变成笑眼，火气化作清风。

总之，亲情需要诠释，关怀需要表达，矛盾需要调和，只要借助幽默，让自己所爱的人在会心一笑中感受到浓浓的爱意和温暖的幸福吧！

24.

幽默式教育孩子，亲情融融

关于孩子的教育问题，自古以来一直有争议。可是，有一点需要指出的是，教育孩子并不是"棍棒之下出人才"，是有技巧的。如果一味地灌输大人们自己的思想，很可能好心办坏事，不但教育不好自己的孩子，还会起相反的作用。而在教育孩子的过程之中，多用一些小幽默，则不仅有助于孩子的智力发育，而且能在无形中刺激孩子的思维和语言能力；不仅能达到教育孩子的目的，而且能使孩子感受到父母的爱。

在教育领域里，幽默被认为是"一个好教师最优秀的品质之一"。而父母作为孩子的第一任老师，对孩子的成长起着言传身教的重要作用。很多父母笃信"严师出高徒"、"棍棒底下出孝子"的古训，总是板着脸来教育孩子。心理学家研究证明，过分严厉的父母对子女教育会产生不良的影响，使子女心理素质发展失去平衡，而靠幽默力量能够摆脱这一困境。

有些做父母的为了在子女面前保持威严的形象，平时在他们面前总是不苟言笑，更不用说向他们表达自己的爱意了，其实，父母应该告诉子女你爱他们。

1853年，法国戏剧家小仲马的话剧《茶花女》初演受到热烈欢迎。小仲马打电报给当时流亡在布鲁塞尔的父亲大仲马时说："巨大、巨大的成功！就像我看到你的最好作品初次上演时所获得的成功一样……"

大仲马风趣地回答："我最好的作品就是你，我亲爱的孩子！"

大仲马是个很懂得用幽默为自己服务的人，他含蓄地告诉了小仲马"你是我的骄傲"，一下子就拉近了父子之间的距离，使父子感情进一步加深。

长辈对晚辈除了运用这种平和的幽默方式外，还可以运用一种"打是亲、骂是爱"的幽默方式，这种幽默方式在日常生活中是常见的。下面是外国的一个幽默故事：

美国企业家艾科卡在里海大学读书时，是 800 多个毕业生中的第 11 名，毕业后又被送去攻读硕士生，并如愿以偿地进入了福特公司。他父亲很高兴，看到他时说："你在学校读了 17 年书。瞧，念书考不上第一名的笨蛋，现在情况如何？"

父亲在笑骂中表现出对儿子现有的表现和成就的满意与自豪，以及对儿子未来的信心。

对于子女来说，父母处于绝对的强势地位，因而教育好像变成了命令和唯命是从，这恰恰抹杀了孩子的兴趣和天性。如果父母抱着平等的观念和态度来和孩子交流，给孩子以指引，用幽默的方式表达自己的批评，相信效果会好得多。

成绩单发下来了，小明因考试时惦记着足球赛，考了倒数第一，忐忑不安的小明把成绩单给父亲，父亲表现出吃惊地样子："儿子，你能不能答应我，以后不要每次看到你的名次，就知道你们班上有几个人，好吗？"

与这位父亲一样，另一位父亲也深谙幽默批评之妙。

父亲：儿子，这次考试考得怎么样啊？

儿子：数学 48 分，语文 52 分，总计 100 分。

父亲："总计"这门课考得好，不错。但是以后在数学、语文上可还要多下工夫啊！

两位父亲没有用"棍棒底下出孝子"的方式，相信理亏的儿子能感到父亲的用心良苦，以后必会有所改观。

有的父母由于各种原因没有实现自己的梦想，于是转嫁到了孩子的头上，寄望孩子替他们实现梦想。而有的父母却是给孩子规定好了以后的路，让孩子完全按照他们设计好的路去走。结果，孩子的兴趣点和父母的设想发生了严重的偏差，往往是孩子和家长互相较劲，伤害了彼此的感情。其实，完全没有必要这么做，使用幽默的方法就能很轻易地解决这个问题。

一次，一位先生到朋友家做客，女主人给来访的客人准备了一些食物。客人们还没来得及品尝，女主人就发现其中的巧克力少了，随后看到孩子的脸上残留着巧克力的痕迹。面对如此情形，女主人并没有直接问孩子"你是不是吃了我给客人准备的巧克力"。如果这样，孩子会感到尴尬，甚至可能说谎为自己开脱。

她只是微笑地问孩子："巧克力是为客人准备的，是不是你的小恐龙多利吃了巧克力？（小恐龙多利是孩子玩具的名字）"

孩子不好意思地回答说："一定是他，他看到巧克力时嘴馋了。"女主人继续温和地对孩子说："哦，那么请帮我转告多利，下次想吃巧克力时请提前告诉我，好让我为他也准备一份！"

在这样的回答中，女主人既保护了孩子在客人面前的自尊心，又巧妙地进行了教育，我们可以相信，那个孩子以后不会再犯同样的错误。

父母对孩子拥有监护权，孩子有错要管教，但是关键还是在于让孩子明白事理，简单的打骂和训斥不但达不到教育的目的，有时还会伤害子女的自尊，引起他们的逆反情绪，这样就更加不利于子女的成长和发展了，这时候如果我们运用幽默的方式对孩子进行教育，那效果就会好很多。

一家人正在吃饭，儿子十分感慨地说："外国人就是比中国人更文明，即使在使用餐具上也能体现出来。外国人用的都是金属刀叉，而我们却用两根竹筷子，明显缺少分量。"

父亲听到这话很生气，但他并没有发火，他说："这个问题好解决。"然后，他拿起夹碳用的火钳，一把塞给儿子说："给，用这个吃，这也是金属的，分量也够！"

这位父亲没有直接训斥儿子崇洋媚外，而是巧用幽默进行曲意的批评，这样更易于使儿子接受。

孩子从认为父母无所不知、无所不能，到他能以幽默的方式与父母交流，是一个可喜的变化，这说明他们成长了。这时，幽默语言就成了父母和子女之间一种新的共同语言。

父母既是孩子的监护人，同时也是他的老师、朋友和伙伴，父母的权威需要维护，但显然不是以强制的手段。如果能让孩子在和父母的平等交流中学会尊敬长辈，和父母轻松地交谈，这样的教育才是一种成功的教育。

在幽默教育孩子这方面，苏联著名诗人米哈伊尔·斯威特洛夫是一位高手。

米哈伊尔的小儿子舒拉非常调皮。一次，为了成为家里关注的中心，他别出心裁地喝了半瓶墨水。这时家里人都急了，喝了墨水，那可怎么办？米哈伊尔的母亲赶忙给医院打电话请求急救。

这时，米哈伊尔从外面回来了，看到这种情景，他并没有慌张，而是轻松地问儿子："你真的喝了墨水？"舒拉得意地伸出带墨水的舌头，还做了个鬼脸。米哈伊尔转身从屋里拿出一沓吸墨纸来，对儿子说："这是吸墨纸，为了你的健康，你只有把它们嚼碎吞下去。"一下子，舒拉就再也得意不起来了。而且以后，舒拉再也没有做类似这种出风头的傻事了。

一场虚惊就这样在家人的嬉笑声中结束了。米哈伊尔明知道，墨水不至于让人中毒，所以他就正好利用这次机会好好地教育了一下舒拉。米哈伊尔的教育不仅让孩子认识到了自己的错误，还让其今后再也不敢犯类似的错误，的确高明。

像舒拉这样调皮的孩子总是让家长们倍感头疼，甚至有时候还会让家长们对其无可奈何。在这种情况下，如果我们能找准时机逗他一下，可能会收到事半功倍的效果。

幽默能使烦恼化为欢畅，让痛苦变为愉快，将尴尬转为自然，又能使沉重、狭窄的心境变得轻松、豁达，具有维持心理平衡、保持心理健康、促进心理取向乐观积极的功能。因此，在教育活动中，对孩子既不能溺爱，也不能过于强硬，多使用幽默的方式教育孩子，不但可以给我们的生活增添不少乐趣，还可以让孩子养成活泼开朗的性格，我们何乐而不为呢？适当地"幽他一默"，以富有情趣、意味深长的行为手段来施教，不仅起到了教育的作用，更显得亲情融融。

25.
幽默让亲友之间更亲近

幽默可以拉近与陌生人之间的距离，能够消除彼此的隔阂，那么亲近亲友更要有幽默。恰当的幽默可以让亲友之间更亲近。

1. 对老人的精神关爱可以用幽默表达

很多人在孝敬父母的时候，都只想着让老人衣食无忧，却忽略了老人在精神上的需求。其实，老人们更多的需求是精神层面的，而对物质要求却很低。他们需要欢乐，需要和家人共处。一位徐老先生在生日宴会上的一番话就表达了这个意思，而其女儿也用幽默的话语表达自己对父母的关爱，让父亲也欣慰不已。

徐老先生今年七十岁大寿，儿女们都从各地回来为父亲祝寿。当时来祝寿的还有很多亲朋好友，真是贺客盈门。在吃饭之前，来宾贺客们纷纷要求"寿星"讲几句话。

徐先生想了想，说道："当年轻力壮的时候，爸爸就像一个篮球，孩子们你争我夺，常常伸手要钱。当在中年的时候，爸爸就像一个排球，比较没有利用价值，孩子们就你推我搡。当年老体衰的时候，爸爸就像一个足球，孩子们就你一脚、我一腿，唯恐踢不出去。"

在场的来宾贺客们，听到陈老先生这幽默风味的比喻，都哈哈大笑，鼓掌叫好。

此时，徐老先生的博士女儿大声说："爸爸，您不是篮球，也不是排球，更不是什么足球，而是橄榄球。我们宁愿摔得腰酸背痛、全身是泥，也要把您紧紧抱住不放！"

女儿的话一讲完，全场又是一阵笑声、掌声，而徐老先生也微笑着，带着些许的满足。

老人用一组比喻，幽默地批评了儿女们对他的忽视，而他的女儿也用同样的比喻，幽默地向父亲说明子女们并没有忽视父亲，一直都很在乎父亲，这样的话语没有理由不博得老人的欢心。家庭生活是产生和培植幽默的广阔沃土，而幽默也使生活充满更多的笑声。在规劝老人的时候，幽默也有事半功倍的效果。下面是一位儿子在反对老人念佛时的做法。

有位老太婆，很迷信，口中常念："阿弥陀佛！"儿子听得不耐烦，劝她多次都没有用。

一天，老太婆又在念佛，儿子故意叫了声："妈！"母亲随口应答了一声。接着儿子又叫了一声，母亲又答应了一声。儿子就这样接二连三的叫下去，母亲受不了，来到儿子跟前，怒视着他，责问道："你翻来覆去地叫我，究竟要干什么？"儿子满脸堆笑说："妈，我叫你不过十来声，你就这样不高兴了，那个佛每天都被您呼唤无数次，难道它就不烦吗？"

儿子的些许幽默既阻止了老人无休止的念佛，而且不会让老人不高兴。在日常生活中，我们就要以这种方式去解决与老人的矛盾，让他们生活得更幸福。

《红楼梦》中人人皆知的王熙凤，在贾府众多的媳妇中脱颖而出，深受贾府中至高无上的贾母的喜爱，其关键就在于她巧舌如簧，幽默连珠，给贾母带来很多快乐。在讨老人欢心方面，王熙凤真是我们的榜样，我们如果能学得她的本领，善用幽默，妙语连珠，定能让老人笑口常开，让老人的生活充满欢乐。

是的，我们必须维系家族成员之间的亲情，但是，一些人错误地认为这种亲情是血浓于水的，是深入到血液里头的，不会被切断。而事实上，死气沉沉、呆板冷漠都会淡薄亲情，甚至瓦解亲情。亲情也需要维护，需要温润，需要包括幽默在内的各种激活剂来增加它的活力。

2. 对朋友可以用戏谑调笑幽默术

"戏谑调笑幽默术"是攻击性比较强的幽默，也是经常使用的幽默技巧，而且常用于比较亲近的人之间。越是亲近，越可"攻击"，越是疏远，越要彬彬有礼。是的，和陌生人之间要注意分寸，注意场合，注意避免禁忌等，当然这些在和亲近的朋友之间也适用，但是尺寸要灵活很多。比如，我们可以给亲近的朋友起外号，用外号来称呼他，显示的是彼此之间的亲密；我们也可以开朋友的玩笑，甚至揭他的短，但是他并不会因此而翻脸，相反还会拉近彼此的距离……所以，朋友之间的戏谑必不可少，如果客气了，反而就显得疏远和生分了。

最出名的朋友之间的戏谑和互相取笑，恐怕要算是广泛流传的苏东坡和佛印和尚的故事了。

佛印和尚与苏东坡是莫逆之交，一天，苏东坡去找好友佛印和尚下棋，刚走进寺庙，东坡先生就高喊一声："秃驴何在？"只听见佛印和尚应声回答："东坡吃草。"旁边的人都一愣，他们两个人却哈哈大笑起来。

东坡是笑话佛印的秃头，所以喊：秃驴何在？佛印回他：东坡吃草，既借了东坡之名，又可以理解成在"东坡吃草"呢，作为"秃驴何在"的回复，一语双关。双方都无恶意，只是朋友之间的调侃罢了。

两个好朋友之间的玩笑和戏谑让人感动，这种幽默是建立在深厚的感情基础之上的，所以才会洒脱、坦荡，乃至肆无忌惮。

萧伯纳有个朋友是叫切斯特顿，是著名的小说家，两人关系非常要好，彼此常常肆无忌惮地开玩笑。切斯特顿既高大又壮实，而萧伯纳虽长得很高，却瘦削得似一根芦苇。他们两人站在一起对比特别鲜明。

有一次，萧伯纳想拿切斯特顿的肥胖开玩笑，便对他说："要是我有你那么胖，我就会上吊。"

切斯特顿笑一笑说："要是我想去上吊，准用你做上吊的绳子。"

本来想幽对方一默，却被对方反讽，萧伯纳没有生气，而是哈哈大笑。

这就是萧伯纳，幽默豁达，颇具亲和力。也正是这种幽默和亲和力，使他与当时众多的文人学士建立了深厚的友谊。

有一个人性格幽默且擅长恭维。一天，他请了几位朋友到家相聚，准备施展一下自己的专长。他临门恭候，等朋友到来的时候挨个儿问道：

"你是怎么来的呀？"第一位朋友说："我是坐的士来的。"

"啊，华贵之至！"

第二位朋友听了，打趣道："我是坐飞机来的。"

"啊，高超之至！"

第三位朋友眼珠一转说："我是坐火箭来的。"

"啊，勇敢之至！"

第四位朋友坦白地说："我是骑自行车来的。"

"啊，朴素之至！"

第五位朋友羞怯地说："我是徒步走来的。"

"太好了，走路可以锻炼身体，健康之至！"

第六位朋友故意出难题："我是爬着来的。"

"哎呀，稳当之至！"

第七位朋友讥讽地说："我是滚着来的。"

主人并不着急，慢腾腾地说："啊，真是周到之至！"众人齐笑。

幽默的主人挨个点评朋友们到来的方式，其中不乏戏谑之词，但是由于大家关系比较亲近，不但说到的人没有生气，相反还很好地融洽了整个宴请的氛围，大家在笑声中显得更亲近了。

在社交场合，有这样一种规律，越是生疏的人，越是彬彬有礼；而越是关系亲密，越是可以开一些过头甚至荒谬的玩笑。你不妨也牛刀小试，和朋友开开玩笑，既能展现你们之间的亲密感情，同时又能增进彼此的关系。

是的，不管是对长辈、平辈还是比较亲近的朋友，皆可用幽默来丰富精神世界。但是，一定要注意分寸，保证在对方能够接受的范围内。

26.
幽默是婚姻生活中的调味剂

走进婚姻的人们都希望自己的婚姻永远保鲜。然而，结婚后新郎、新娘都在一夕之间变成老公、老婆。而实际上，老化了的不是婚姻本身，也不是新郎新娘自身，而是他们之间的爱情。针对爱情的老化问题，最有效的处方是"幽默"——懂得夫妻幽默之道的人，可以防止婚姻老化，使双方永远做英俊、漂亮的新郎和新娘。

有位名人曾说过，幽默是恋爱生活中不可缺少的喜剧，其地位不亚于甜言蜜语、海誓山盟。因为甜言蜜语、海誓山盟会随着时光的推移而淡却，而幽默则有着永远不减的魅力。

相传我国宋代文人秦少游（秦观）和苏东坡的妹妹苏小妹有不少作诗打对的趣事，也可以作为谈情幽默的好例子。

洞房花烛夜，苏小妹故意刁难秦少游，出上联"推门拥出天上月"，把才子秦观难住了。幸而苏东坡急中生智，以石块投入池中，秦观顿悟马上接下联"投石冲开水底天"。

这种技巧型的机智幽默耐人寻味。恋爱到了一定的火候，两个人一般是要结婚的。在洞房花烛的时候，也不妨幽默一下。

在很多人的观念里，浪漫必定和鲜花、烛光、音乐相连。其实不然，语言才是传递浪漫的最直接方式，而幽默最能够凸显一个人的浪漫情怀。

妻子尝试着做一种新菜，做好后忐忑不安地端给丈夫，丈夫尝了一口，皱着眉说："亲爱的，这不是我想象中的味道……"

妻子一听，满脸皆是失望，似乎眼睛里都有些湿润。就在此时，丈夫轻轻地揽过妻子的腰，轻轻地在他耳边说："但是，比我想象中还要香十倍。"

妻子破涕为笑，浪漫的晚餐正式开始了。

经历了"一悲一喜"的妻子，此时的心中肯定尽是感动的欢喜和幸福的暖意。鲜花、烛光、音乐固然也可以创造出浪漫来，但是这种抓住生活中的点滴，用幽默的语言体现出来的浪漫更加让人醉心。

可见，一个懂得在爱中运用幽默的人，很容易制造出婚爱中的快乐气氛，在伴侣面前也就有了难以抵挡的吸引力。

两个刚刚结婚的年轻人讨论婚后各自的权力，小伙子感到自己获得家庭中的政治、经济大权无望，就对姑娘说："亲爱的，要让我们今后的生活甜甜蜜蜜，以后所有的大事都由我来决定，而所有的小事都听你的安排，怎么样？"

姑娘虽然有些不乐意，但还是问道："那么，具体讲哪些小事听我的安排呢？"

小伙子不无幽默地说："你决定应该住在什么样的房子里，应该买什么样的家具，应该怎么使用家里的钱，应该到哪里度假，等等。"

姑娘的笑脸又回到了漂亮的脸庞上，她又问小伙子，"那么哪些'大事'由你来决定呢？"

"我想，我只是决定以后以什么方式来赚钱，怎样来扩大经营我的公司，如果要是有空闲的时间，我想参与一下我国如何治理空气污染，是否应该增加对贫穷国家的援助，我们对原子弹应该采取什么样的态度等等。"

姑娘扑哧一笑，似乎婚后所有的不快都在瞬间消失了，让这个小家庭里立刻又恢复了快乐的气氛。

幽默感是家庭快乐的基础，而宽容与乐观又是夫妻幽默的基础。

在现实生活中，怕老婆对男人来说是件不光彩的事，常常被朋友或同事视作笑料。而在社交中有些人却能巧妙地调侃自己，树立自己可爱的形象。因此，"怕老婆"这一主题常能演绎出许许多多幽默故事。

妻子："你在外面很少喝酒，为何在家里拼命地喝呢？"

丈夫："我听说酒能壮胆。"

而且，有幽默感的人也不怕在众人面前表现自己"怕老婆"。

我们来看下面两人的对话。

甲："在公司你干什么事？"

乙："在公司里我是头。"

甲："这我相信，但在家里呢？"

乙："我当然也是头。"

甲："那你的夫人呢？"

乙："她是脖子。"

甲："那是为什么呢？"

乙："因为头想转动的话，得听从脖子的。"

如此妙答，当然引得人们捧腹大笑，也间接地暗示了他对婚姻之满意，如果他的夫人真的如传闻的那样，他也许自我调侃不起来。所以，人的精神状态的好坏对发挥幽默是相当重要的。

一位外出远行的丈夫由于公事繁忙又归家心切，没有给妻子和女儿带回礼物，回家以后他对温柔的妻子说："对不起，我急于赶车，未来得及去商场给你和女儿买礼物………"

"亲爱的，谁说你没有给我们带礼物？"妻子故作惊讶地说，"你的平安不就是给我们的最好的礼物吗？难道还有其他的礼物能比这个更好?"

对丈夫的道歉,妻子灵机一动,借题发挥,表达着无限爱意,这对夫妇之间浓浓情意也跃然纸上。

一位丈夫劝他的妻子说:"亲爱的,多吃一点东西。"

"我是很想多吃一些,可是,万一哪一天我发胖了呢?"妻子怏怏地说。

"这有什么关系,如果那样,我就当是进入了时间隧道,回到了以胖为美的唐朝不就行了。"

这位丈夫温柔的话想必会令妻子感动不已,夫妻之间这样的幽默可以说多多益善。有人觉得幽默起来很难,事实上,许多事情,同样的意思,只需换一种表达方式,幽默和温情就会自动涌出。

亮亮写的作文标题是《我的父亲》,他写道:"我的父亲毅力坚强,能够爬上珠穆朗玛峰,还能游过太平洋,会驾驶飞机飞过欧洲,还会打倒一只凶猛的东北虎。我非常崇拜他。"

妈妈看见亮亮的作文,拿起笔在作文的结尾添了一句:"平常他多半只是把垃圾拿到屋外去。"然后叫亮亮拿给爸爸看。

亮亮的爸爸看了大笑不止,说:"难道我就干那么一点点吗?我差不多是个雇佣军,24个小时都在劳作!"

在平时的生活中,多多运用幽默,能够让生活变得丰富多彩,让家人的感情更亲密,并让生活充满情趣。

有一位丈夫在天一亮,当妻子一睁开眼睛就对妻子说"我爱你。"妻子听了,对丈夫说:"去去去,肉麻。"

第二天,天一亮,妻子一睁开眼睛,丈夫又对妻子说"我爱你。"妻子第二天听了没有说"肉麻"的活了,把手放在丈夫的额头上,问道:"没有生病吧?"

第三天,天一亮,妻子一睁开眼睛,丈夫又对妻子说"我爱你。"妻子第三天听了,对丈夫说了一句话:"你有点烦。"

第四天，天一亮，妻子一睁开眼睛，丈夫又对妻子说"我爱你。"妻子第四天听了连连对丈夫说了几个相同的字："好好好，好了好了，好了啦。"

第五天，天一亮，妻子一睁开眼睛，丈夫又对妻子说"我爱你。"妻子第五天听了，既没有说"肉麻"，"你有病"，"有点烦"，也没有说"好了啦"，妻子对准丈夫的额头亲了一下，温柔地对丈夫说："我也爱你。"

爱是可以传递的，情也可以相互传递。夫妻本来就应该是这样。显然，丈夫控制了自己的情绪，注入了浓浓的情感，调动了妻子的情绪情感，相互传递了爱和情，也是一种高情商的幽默。

所以，努力开发智商和情商，是提高幽默风趣素养的重要方法。

幽默的魅力主要在于它能营造欢乐的气氛，使平凡、忙碌的生活充满趣味和欢笑，让亲人体味到生活的幸福。在生活中，我们不仅需要有对生活的热爱之情，更需要有幽默的言谈，因为它表现了你对生活的眷恋，对亲人的关怀。让幽默充满生活，是营造美满和谐生活的良方。

在生活中，幽默是不可或缺的，它具有缓解矛盾、消除误会等功能。适当的幽默，会让生活更加舒畅，充满欢声笑语。所以，家庭中的幽默不可忽视，幽默使家庭生活变得绚丽多彩，幽默使我们充分享受家庭带来的幸福。巧妙运用幽默，能让平淡的生活变得妙趣横生。

27.

夫妻攻讦，幽默回击也充满爱

夫妻从恋爱到婚姻，就是一个从浪漫到现实的过程。我们都知道，理想是美好的，现实是残酷的。面对柴米油盐的生活，夫妻自然会有许多磕磕碰碰的事情，对对方的不满自然就滋生了。并且，夫妻之间的不满积累到一定程度，就会用讽刺来使对方知道自己身上的缺点。使用幽默来还击，按照对方的逻辑去理解或做出推论，将对方侮辱性的话语巧妙地反弹回去，以使对方警醒。

当然，幽默的讽刺一般不会来得太直接，以和风细雨式的为多，这种软刀子常常让人无法发作，如果不能及时反驳就只能吃哑巴亏；如果反驳的方式过于激烈又容易伤和气，把小事扩大化，得不偿失。这种情况下，最好的办法就是使用幽默还击。

妻子说："男人都是胆小鬼。"

丈夫说："不见得吧，否则我怎么会与你结婚？"

妻子拐弯抹角地讽刺丈夫不够优秀。面对妻子的变相指责，丈夫不露声色地进行了反击，从另一个方面为自己解了围，相信这个话题就会到此为止了。

妻子："我和你结婚，你猜有几个男人在失望呢？"

丈夫："大概只有我一个人吧？"

聪明的丈夫面对妻子的挑衅并没有泄气，而是勇敢地反击，让妻子自食其果、无话可说，可谓高明。

每个人都有自尊心，面对对方的讥讽，如果气急败坏、生气，以至大吵大闹，都只会把自己变成一个小丑，在对方的面前笨拙地表演着，而且正中了对方的下怀。相反，如果用幽默的反击回敬对方，则可以借力打力，转移一部分讥讽的力量，同时让对方也感受到这股力量。

一对结婚多年的夫妻正在讨论刚贴好的壁纸。丈夫对刚贴好的壁纸不太满意，而妻子却无所谓。为此，丈夫很恼火，他对妻子说："我们两个很难达成共识，就在于我是个要求完美的人，而你却不是。"

"说得对极了，"妻子回答道，"正因为这样，你娶了我，而我嫁给了你。"

妻子抓住了丈夫话中的矛盾，巧妙的回敬让丈夫无话可说，心里只能赞叹妻子的机智和幽默。

有一位先生回家时，装作气喘如牛的样子，却又得意非凡地对妻子说："我一路跟在公共汽车后面跑回来，"他喘着气说，"这一来我省了一元钱。"

他妻子笑着说："你何不跟在计程车后面跑，这样可以省下十元钱！"

聪明的妻子一眼看出了丈夫的猫腻，丈夫想说的恐怕是妻子对他的钱管得太紧了，她不拆穿他，却给了他一个更荒谬的建议，在两人哈哈大笑的同时，回避了丈夫的话题。

"你说当时向你求婚的人多得数不清？"丈夫生气地责问妻子。

"是呀！很多。"她答道。

"那么，你怎么不和第一个向你求婚的笨蛋结婚呢？"

"对呀！我正是这么做的呀！"

妻子很聪明，从一开始说话就为丈夫设了语言陷阱，丈夫则不知不觉钻进了妻子设的圈套之中。

在使用这类反击意味的幽默时，方式灵活多样，并无定式。面对这些诘问，有些只需实话实说，有些却需要巧妙撒谎，有时需要适当地夸大，有时需要故意装傻误解其意。但不论怎样，你的回答最好幽默婉转，避免太过直接而引起不必要的难堪，最好能借此传达爱意，使你的话语情意绵绵。另外，还应掌握好一个分寸，一般是对方的攻击有多少分量，反击就有多少分量，这个分量只能适当减轻，但最好不要加重。否则，可能会因为反击分量过重而引起新一轮的争吵。

事实上来自于家庭生活之内的讥讽，也会让我们揪心不已，这种揪心，一点也不比那些家庭之外的讥讽轻松。比如有的妻子是个醋坛子，经常会在大庭广众之下突然发飙，让丈夫下不来台。对如此惊险的情况，丈夫们可以学学下面的乔峰，看他是如何幽默地化解妻子的讥讽。

乔峰陪妻子逛街，实在累了，于是就坐在长椅上休息。妻子这时候看到一个穿着时尚的漂亮女孩坐在不远的地方搔首弄姿。

妻子对乔峰叫道："快看！那个女孩和你崇拜的偶像一模一样！"

但乔峰没有理会他，继续闭目养神。

"难道你真的一点都不感兴趣？"妻子诧异地问道。

乔峰若无其事地说："当然啦。要是她长得像我的偶像，你是绝对不会让我看的！"

乔峰面对妻子的嘲讽，冷静而又幽默地回敬。既批评了妻子平时小气的心理，又表达出自己浓浓的爱意。可见，幽默既能够让嘲讽变得毫无杀伤力，又能给夫妻生活增添很多的情趣。下面这对市长夫妻也是如此。

彼得担任匹兹堡市市长时，和妻子兰茜去视察一处建筑工地。这时迎面向他们走来一位建筑工人，并向他妻子说："兰茜，你还认识我吗？高中时，我们常常约会呢！"

事后，彼得嘲弄妻子道："如果你嫁给了他，现在还是个建筑工人的妻子。"

兰茜反唇相讥："你应该庆幸娶了我，要不然，匹兹堡市的市长就不是你了。"

可以想象，彼得市长的家庭生活里有很多这样的斗嘴和相互"嘲讽"，但正是因为有这些斗嘴的经历，在给市长的家庭增添乐趣的同时，也增进了夫妻之间的感情。

事实上，很少有恩爱的夫妻在生活中一直是相敬如宾的，大多数的夫妻正是在这样的互相嘲讽的磕磕绊绊中相互扶持、白头偕老的。下面的这对夫妻是同样的例证。

一次闲聊，丈夫问妻子："你说为什么女人既美丽又愚蠢呢？"

妻子回答说："其实道理很简单，我们美丽，你们才会爱我们；我们愚蠢，我们才会爱你们。"

对于丈夫不怀好意的质问，妻子临危不乱，并没有按照常规的方法来正面反驳，而是炮制了丈夫的办法，来个后发制人，让丈夫掉进了自己预设的陷阱之中。这样的夫妻充满了幽默，生活也必定是其乐融融，让人羡慕不已的。

可见，用幽默回击讥讽，不仅能够让自己全身而退，而且还可以增进夫妻之间的感情。

幽默是家庭矛盾的"净化剂"，是家庭生活的"润滑剂"，是感情寒冷期的一件棉袄，是治疗爱人讥讽的一味良药。夫妻之间用幽默来互相讥讽，讥讽里也有爱的芳香。

28.

幽默地表达建议更温情

日常生活中许多生活琐事往往会引发大的干戈，其原因之一是双方的话语中都缺少一种幽默的成分。如果在批评亲人的时候能采用幽默的方式，那么你的批评就已经成功一半了。幽默是一种灵活的表达方式，它可以明确而又温和地表达出我们对亲人的看法。让亲人平和地了解到我们的想法，重新审视他们自身，从而使表达建议也显得很温情。

家庭生活中，幽默地说话不仅可以带来欢乐和微笑，它还是一座平衡家庭关系的"天平"，让家庭之舟行驶得更加平稳、和谐。如何分配家务劳动，使丈夫保持婚前的勤劳，就要妻子充分施展幽默的智慧，共同营造一个幸福的家庭。

请看下面这位丈夫是怎样巧妙地借机批评他的妻子对母亲不孝顺的。

妻子对丈夫说："我生了女孩，你妈妈说什么了吗？"

丈夫回答："没有，她还夸你呢。"

妻子认真地问："真的，夸我什么？"

丈夫一字一句地说："夸你有福气，将来用不着担心看儿媳妇的脸色行事了。"

这位丈夫没有直接表达对妻子不孝顺母亲的不满，而是以幽默的方式道出，通过这种温和的批评方式，让妻子从一个母亲的角度来看这件事情，使她在回味之余，更容易接受批评并加以改正。

如果妻子把丈夫管得太严，丈夫往往会感到很不自由。

有一位已婚的朋友，计划到"千岛"进行一次单身旅行。他太太的反应令他不太高兴。

他当着妻子的面对来家里做客的朋友说："她没说不准我去，只是她要我在每个岛上待一个星期。"

小气的妻子往往把家里的财物管得很严，丈夫会觉得很不方便，这时候要表达不满可以向下面这位先生学习：

儿子问父亲："爸爸，阿尔卑斯山在哪里？"

父亲漫不经心地回答说："去问你妈妈！她把什么东西都藏起来了。"

当你以幽默的言语与亲人交流时，你可以制造机会并获得你想要的东西。幽默的言语有助于增进家人感情。

生活中，我们对亲人会有各种各样的看法，有时候是好的看法，有时候则是不好的。当我们对亲人有不好的看法时，如果直言不讳，言辞激烈，则难免伤害对方。如果能将话语制成"糖衣炮弹"，对有缺点的一方进行善意的揶揄和有节制的讽劝，以幽默的方式送给对方，那么就既达到了批评对方的目的，又增加了趣味的成分，既使对方心甘情愿地改正错误，也不会伤害感情。可以想象，其收效肯定要比直言不讳强。

某心理学家曾说过，家庭生活最需要幽默，而且家庭也是练习幽默的最佳场所，尤其是在指出伴侣的缺点时，怨而不恨、愠而不怒地使用幽默更是责无旁贷的，遗憾的是，许多人总是对"忠言逆耳"这句话深信不疑，越是和自己亲近的人交流，越是不在意方式，总是习惯于用最直接的方式指出对方的错误，或是以毫不留情的言语指出对方的缺点，结果造成了家人之间的裂痕，给美满的生活带来了不和谐。所以，尝试着用幽默的方式去解决问题，相信生活的情趣就会不期而至了。

妻子的歌声难听又总是持续长久，丈夫非常无奈，所以每逢妻子唱歌他都跑到阳台上做无声的抗议。

妻子奇怪地问："每次我唱歌的时候，你为什么总要到阳台上去？"

丈夫无奈地说："我是想让大家都知道，不是我在打你。"

丈夫暗示妻子的歌声像惨叫声，其说法虽然有些夸张，但并不妨碍其风趣的效果，妻子在笑声中明白了丈夫的不满。

日常生活中许多生活琐事往往会引发大的干戈，其原因之一是双方的话语中都缺少一种幽默的成分。如果在向亲人提意见的时候能采用幽默的方式，那么你的意见就已经有一半被对方成功接受了。

妻子已经有两个礼拜没有打扫房间的卫生了。丈夫对妻子的懒惰和邋遢十分不满，就对妻子说："亲爱的，上星期你工作很忙，没有时间做家务，如果这个星期你仍然忙的话，我还可以替你再做一周家务。"

这样，就比严厉地指责她的懒惰与疏忽大意来得轻松一些，也更容易被对方接受。

妻子在厨房忙完以后，对久坐不动专等着吃饭的丈夫说："今晚的菜，你可以选择。"

"是吗？都有些什么菜？"

"炒土豆。"

"还有呢！"

"没有了。"

"那你让我选择什么啊？"

"吃还是不吃？"

即使丈夫再懒，做妻子的最终还是会原谅他，不过妻子可以用幽默的方法来提醒他。

我们常说"当局者迷，旁观者清"，很多时候，一个人的做法可能成了一种习惯，自己不觉得有问题，如果你直接向他提意见，只能是像弹簧一样弹回来。幽默的方式在这里更能够得到好的体现。

一对小两口出去散步，看见石桌上有一只大猫。丈夫一本正经地问妻子："你说这是公猫，还是母猫？"妻子笑了笑，不知怎么回答。

这时，丈夫非常肯定地作出了判断："我知道了，这只猫是公猫。"

"为什么？"妻子不解地问。

丈夫回答说："刚才我狠狠地拧了它一下，可它不叫也不蹦，只是垂着脑袋，一声不吭。"

妻子忍不住哈哈大笑起来，转念一想：自己不是经常拧丈夫吗？她明白了原来这是丈夫在抗议，妻子一脸娇羞，嗲声说道："以后我改就是了。"

妻子拧自己的丈夫，虽然可能外人看起来像是"爱抚"，但是身上的痛只有丈夫自己最清楚。可妻子已经习惯了这种方式，直接提出来妻子未必能够接受，所以丈夫幽默巧妙地借猫实现了自己的"控诉"，也让妻子警醒，认识到了自己的行为给丈夫造成的苦恼。

对待家人的缺点，我们在提出抗议和批评的时候，一定要恰到好处地表达自己怨而不怒的情绪，用幽默的答辩极具力度又不至于使对方恼羞成怒，效果要比直截了当地提出批评好许多。也有一些幽默高手在表达对另一半的不满时会特意制造一种夸张的效果，以引起对方的重视并增加生活的情趣。

在美国某地方报纸上，某日出现了一段小广告，标题是："廉价出让丈夫一名。收购我丈夫的人，还可以免费得到他平时喜欢使用的全套打猎和钓鱼装备。此外还随夫赠送牛仔裤一条，长筒胶靴一双，T恤衫两件，以及里布拉杜尔种的狼狗一只，自制的晒干野味50磅。价格面议，存货一件，欲购从速！"

登这则广告是一名年龄40岁的露易丝·亨勒尔太太，据她介绍："我丈夫本人其实并不坏，只是每年四月初到十月初，都很少能在家里看到他的影子。"

结果，出乎这位太太的意料，在短短的一天内，她居然接到了许多人打来的电话表示对她的广告感兴趣。露易丝·亨勒尔太太一天竟然回绝了二十多个买主。

既然已经达到了向丈夫提意见的目的，第二天，露易丝·亨勒尔太太不得不补登了一个小广告："廉价转让丈夫的计划取消。"

那位并没有被卖出去的丈夫——查理·亨勒尔先生已经读懂了太太对自己的不满，只好放弃了外出狩猎的计划。

当然，这种幽默的表达方式让许多思想较为传统的人难以接受。不过，你仍旧可以举一反三，用类似的方式和你的爱人开开小玩笑，丰富两人的感情生活。

幽默是一种灵活的表达方式，它可以明确而又温和地表达出我们对亲人的看法、意见。让亲人平和地了解到我们的想法，重新审视他们自身，改正他们的错误，弥补他们的不足。

恰到好处的幽默就是这样，不但可以向自己的爱人表达出自己的看法，让其虚心接受自己的意见，还能增进双方的感情，让生活的气氛更加和谐。

谁都有缺点，尤其是夫妻、家人之间一定要注意方式，最好用幽默的方式提出来，才更容易让对方接受，还不会伤害彼此的感情。

29.

夫妻冷战，幽默出击化矛盾

俗话说："没有勺子不碰锅沿儿的。"夫妻吵架是家庭生活中经常出现的事情，只是千万不可冷战。冷战只会冷却两个人的感情，应该找一种好的方法去打破僵局。其实，在冷战中，要面子的男女表现得几乎都是一样的，谁也不愿意先让步，却又都不想失去彼此苦心经营的爱情。这时，必须有人先做出让步，另一个一般就会顺坡下驴。如何在恋人面前既让了步又不失自己的面子？幽默是最好的缓解良方。如果幽默地看待和应付意见不和，就能够使自己不动肝火，并很快地平息对方的怒火，使夫妻化干戈为玉帛，使家庭生活中的小小波澜不致发展为狂风恶浪。

夫妻之间闹矛盾是常有的事，有时候闹得厉害了还会形成僵局，导致冷战。而夫妻之间冷战持续时间过长，必然影响双方的感情，并且在压抑的环境中，每个人都承受着不小的思想压力。因此，就看谁能出奇制胜，捅破冷战的窗户纸。为了打破冷战僵局，你可以随机应变地运用不同的"幽默"战术，巧妙搭建沟通和解之桥，缓和紧张的气氛，避免夫妻矛盾的激化和升级。

有人说，适当的争吵是婚姻别具风味的作料，没有争吵的家庭是缺乏个性的拼凑。夫妻之间有时意见不同，争争吵吵是难免的，但要注意争吵的方式方法，尽量不要使争吵破坏了夫妻感情。

"你看世界上的冷战都结束了，我们家的冷战是不是也可以松动一下？"

"瞧你的脸拉那么长干什么！天有阴晴，月有圆缺，半月过去了，你心情也该好了吧！你一向都是咱们家的月亮，我建议，今天咱们家的月儿圆行不行啊？"

这样来劝伴侣，相信听这话的人大多都会"多云转晴"的。如果你仍然不愿意先开口，那下面这位先生的做法也可以参考。

一对年轻的夫妻，为了一点鸡毛蒜皮的小事狠狠地吵了一架，吵完后，就谁也不理对方了。几天后，先生早已经消了气，觉得没必要打这么久的持久战，想和太太和好，可是无论他怎么跟太太说话，太太好像是下了决心，就是不理他。他们的冷战看样子还要持续下去。后来，先生想到一个办法来"引诱"妻子说话，他就假装在房间里所有的抽屉、柜子、衣橱里到处乱翻，翻得家里乱七八糟，妻子不知他的计策，终于忍无可忍了，又好奇又生气地问先生：

"你到底找什么呀？"

"谢天谢地！"先生吐了一口气说，"我总算找到了你的声音了。"

太太忍不住笑了，夫妻俩小小的恩怨就此结束了。

聪明的先生用夸张的动作激起了妻子的好奇心，引得妻子忘记了自己坚守下来的冷战，缓解了紧张的家庭气氛，化解了夫妻间所有的不快。

有时候，一些出乎意料的幽默举动，同样也会收到化干戈为玉帛的效果。

夫妻两个因为孩子上学的事意见相左，并引发了口角，最后陷入了冷战。于是，两个人住在同一屋檐下，却像是陌生人一样，井水不犯河水，各行其是。

到了晚上睡觉时，妻子抱起枕头睡到床的另一头去，而且还故意不停地翻来覆去，搞得丈夫根本无法入睡。丈夫也想尽快结束这种僵局，于是，他猛地从床上跳了起来，并大声说："搬家！"

妻子被冷不防的话语吓了一跳，便搭腔说："讨厌，半夜三更的，你要搬到哪儿去？"丈夫听妻子搭腔了，连忙拿起枕头，笑着说："搬到你这边来啊！"

满肚怨气的妻子听了这句话，看着丈夫滑稽可笑的举动，忍不住乐了。于是丈夫赶紧抓住这大好时机，趁热打铁，用"花言巧语"的"糖衣炮弹"赢得了冷战的胜利，一场家庭风暴就这样雨过天晴了。

用一句意想不到的话语，引起妻子的注意，然后悄悄地乘虚而入，用幽默打开缺口，然后用脉脉柔情来化解妻子愤怒的情绪，紧张气氛即刻云消雾散，夫妻俩也在朗朗的笑声中摆脱了尴尬局面。

我们都看过这样一个经典的笑话：

有一天，丈夫和妻子又冷战了，谁也不肯先和对方说话。丈夫因第二天一早要去开会怕误点，写了一张纸条给妻子："明天早上 7 点叫我起床。"

第二天早上起床时已是 8 点多了，丈夫又急又气，却发现妻子在床头留有一张纸条："7 点半了，你还不赶快起来！"

虽然两个人没有直接对话，但是这样留纸条的方式毕竟比之前前进了一步。坚冰只要打开一个缺口，就有完全攻克的希望。

一对夫妻在激烈的争吵后，两人开始进入冷战，但是丈夫还不解气，就在门后贴了一张纸条："三年不死老婆，大晦气矣。"妻子看到后，就取笔改动了一个标点："三年不死，老婆大晦气矣。"丈夫见了，不禁莞尔而笑。双方的气都消了，遂和好如初。

人非圣贤，孰能无过。犯错误是正常的，关键是要及时承认自己的错误。但是承认自己的错误，表达自己真诚的歉意，总会感觉有些尴尬。这时候，就需要自己动动脑子，幽默一把，想出一个既能保护了"面子"，在博得对方笑声的同时，又能表达出自己由衷的歉意的办法。适当的幽默很容易让人接受，当然也包括自己的家人。

朱丽倩是原军统少将沈醉的女儿。一次，她因为外出办事走得太匆忙，忘了把家中的火炉封好。当她回来的时候，已经晚上八九点了。孩子早就放学回家，但因为火炉已灭，无法自己弄饭，就饿着肚子趴在桌上睡着了。丈夫比她早一步到家，进门见冷锅冷灶的，大怒。丈夫待朱丽倩一进门，就愤愤地说："真是个活死人，把火都看灭了！"朱丽倩听了这句话，没有生气，反而心平气和地说："别发火了，火再大，也点不燃炉子啊。"丈夫余怒未消，仍愤愤地说："你呀，要没有我，恐怕要去讨饭吃。"朱丽倩马上附和道："这也是我不愿离开你的原因呀！"丈夫一听此话，终于笑了。

朱丽倩是个聪慧的女人，对于丈夫的责备，不是针锋相对地反驳，对于自己的错误，不是强词夺理地狡辩，而是用小幽默表达自己的歉意，在笑声中获得了丈夫的原谅。在这样的道歉面前，有谁能够拒绝呢？

俗话说："一笑解百忧"。幽默、诙谐、风趣的行为和笑话，是活跃、丰富生活的兴奋剂，也是化解夫妻矛盾的调和剂，在幽默的"轰炸"下，冷战简直是不堪一击。

在家庭生活中，不吵架的夫妻实属罕见。一句话，一个动作，乃至一个眼色，都可能导致一场冲突。夫妻发生冲突并不可怕，问题在于如何尽快平息。如果双方都懂得一点幽默的技巧，便会立竿见影，化干戈为玉帛。是的，夫妻之间何必计较得那么清楚？出现了矛盾，无非是由于一方出错了。出错了并不可怕，过而能改，善莫大焉。在家庭生活中，要学会时时检讨自己，发现错误，承认错误，并改正错误是很重要的，及时幽默地表达自己的歉意，不只可以调节家庭的气氛，还可给家人带来更多的欢声笑语，增进彼此的感情。

30.
用幽默为过失粉饰

在家庭生活中，我们难免偶尔出现过失，这时候最好的办法莫过于用幽默掩过饰非。一方犯错误的时候，受到对方的指责是可以理解，不能认为对方是在故意找茬。不过，夫妻之间的某些后果并不严重的小过失也是可以原谅的。一般在这种情况下，有过失的一方可以借助幽默博对方一笑，化解对方心中的不愉快，让对方原谅自己。生活中有很多意外而导致的错误，虽然不是出自本意，但错误已经造成，还是需要及时化解的。

在处理自己的大小失误时，如果你能笑谈自己的失误，并逗他（她）与你同笑，那么你制造出来的愉快和轻松就很容易冲淡因自己的失误而引起的不快。再来看一个刚为人妻的女子在做错事情的时候是怎么处理的：

新娘子不小心把贝多芬石膏像掉在地上，摔去了一只耳朵，新郎刚要责备，新娘子笑着说了一句："哎呀，反正贝多芬是聋子，耳朵只是个摆设，留着也没用啊。"这一俏皮，使新郎更开心。

我们说，只要热爱生活，善于观察生活，珍惜情人或夫妻间的感情，谈情幽默便会像喷泉一样不断地涌出。请看下面一个丈夫的幽默：

丈夫又回来晚了，一进家门就看见妻子严厉的目光，他自知理亏，又感到很不好意思，就走到沙发前，逗小猫玩。

他刚低下头，就听妻子一声叫喊："喂，你和那头笨猪在一起有什么意思？"

丈夫明知在骂他，故作不知，笑着说："这哪里是猪，这是猫呀！"

妻子看也不看他一眼，朝小猫一招手："亲爱的，到我这里来，刚才我是在跟你说话呢！"

从上面的故事中，我们不难看出妻子的聪明和幽默之处。不过，丈夫知道自己做错了事情，他在面对妻子的幽默嘲讽时，所运用的"顾左右而言他"的糊涂幽默不是也很值得我们欣赏吗？当你明知道自己做错了的时候，不妨以幽默的方式和你的爱人一起笑，笑你自己的错误。

有了孩子的年轻父母们，孩子是他们的乐趣，有时也是他们争吵的导火线。

有一次小童和五岁的儿子玩飞碟，儿子玩得太起劲了，以致跌了几次跤，滚了一身土，回家妻子一见便骂他父子俩不讲卫生，刚穿的衣服就弄得这么脏，小童没有直言辩解，只是笑笑，说："是他自己搞成这样，与我无关，你看我的衣服不是挺干净吗？"妻子被小童孩子气的话逗乐了。

实践证明，只要对方露出微笑，你的过失就会在一片轻淡的笑声中被消解掉，即使对方仍心存芥蒂，你的幽默至少还可以起到降低对方怒气的作用。

一个酒徒在外面喝酒喝多了，很晚才回到家。他又忘记了带钥匙，于是只好敲门。

妻子怒气冲冲地打开门说道："对不起，我丈夫不在家。"

"那好，我明天再来。"

酒徒说完，装出转身要走的样子。

结果自然是妻子一下子就追上去把丈夫拉回了家。丈夫借助幽默的语言和行动，化被动为主动，巧妙掩饰了自己的过失，得到了妻子的谅解。

但是如果是酗酒，那可就不是什么好习惯了。有着类似不良习惯的人，通常也会保证"下次绝不会再……"可是到了下次，依然难以控制自己，被伴侣发现后又不免争执不休，而明显的是，自己绝对不占理，如何应对？想要得到妻子的谅解就真得花点工夫了，还是得让幽默来帮忙。

一个男人喜欢喝酒，某日妻子实在忍无可忍，责骂并让他保证以后不再喝酒。

刚刚有些清醒的酒徒见苗头不好立刻向妻子发誓："从明天开始，我决心重新做人，再也不喝酒了。"

第二天晚上，他依然喝得醉醺醺地回到家。妻子哭闹着说："我以为你真的重新做人了呢！"

丈夫答道："我的确重新做人了，可是没办法，我重新做的这个人也是爱贪杯中之物的酒鬼！"

丈夫既承认自己喝酒的事实，又转而骂自己是个酒鬼，如此幽默的解嘲，妻子当然会化怒为笑。这时夫妻俩可能已经不会再去注意丈夫喝酒这件事，转而去享受丈夫幽默的情趣了。

夫妻二人相处，惹得对方生气是很常见的事，大多数的结果都会是妻子不停地抱怨，严重时还会哭闹不止，这时，不论争吵的最初原因是什么，大度的丈夫最好都不要急于去争辩，先使得家庭恢复平静才是首要任务。

忘记一些重要的日子，比如结婚周年、妻子生日、情人节等，是男士们常犯的错误之一，而女士们又普遍比较重视这些日子，这时候，除了掩饰过失之外，你还必须明确地承认你的错误。

丈夫回家，看见桌上放着一个大蛋糕，便问妻子是何缘故。

妻子有点不高兴，话里有话地说："哦！你忘了吗？今天是你的结婚纪念日呀！我特地为你买的。"

丈夫很感动，对妻子说："谢谢，等你结婚纪念日到了，我也买个蛋糕，好好地为你庆祝一番。"

他的妻子对他的"健忘"莞尔一笑，迅速掉进了幸福的蜜罐。

丈夫借助幽默的语言和行动，化被动为主动，巧妙地弥补了自己的过失，得到了妻子的谅解。当然，不管你的幽默取得了怎样好的效果，你最好都要附加上一句真诚的道歉，并保证下次绝不再犯同样的错误，以彻底赶走对方的委屈情绪。

许多恋人或夫妻总是喜欢回忆曾经的不快，每次只要一想到这些事就会引起争端，此时，幽默无疑是降低火药浓度的最佳手段。

一次，一对夫妻因吵架而动了手，丈夫在气急之下给了妻子一记耳光，妻子也不甘示弱，抓破了丈夫的脸。事过几天，夫妻俩又谈起此事，妻子的怒气未消，责怪丈夫太粗鲁，说："你怎么能打我的脸？"

丈夫笑着说："难道我这个做丈夫的不应该碰碰自己妻子的脸？"

妻子一听就笑乐，撒娇道："那我就是给你抓脸搔痒！"

不管他们上次打架是出于什么原因，旧事重提不免又会引起新的争吵。聪明的丈夫通过在答话的时候故意歪解其意，幽默地为自己打人的行为辩解，避免了一次语言冲突。

有一对老年夫妻，平时非常恩爱，只是有时会因一点小事争得面红耳赤，而最后总要以老先生让步、认错告终。后来，老先生学来了一个绝招，平时没事就他准备了一些小卡片，用非常搞怪的字体在这些小卡片上写着"对不起"、"我错了"、"我爱你"、"笑一笑"、"不怕老婆非好汉"等字样。每每在双方争执不下时，他就从衣袋里摸出一张小卡片送给妻子，妻子每次看到这些小卡片就会忘记刚刚的愤怒，破涕为笑。

在争吵中或过后其中一方要主动承认错误，就能很快地熄火降温，平息"内战"，如果能巧用幽默为自己的过失解嘲，便能迅速地唤回两人间的欢笑。

虽然一辈子没红过脸的夫妻不见得就是好夫妻，但是，各不相让也难免"话赶话没好话"。在家里，做丈夫的会听到妻子各种各样的抱怨，丈夫的语言巧妙幽默，大家相安无事，否则，便会"内战"在即。

当然，幽默可以对掩饰过失起到一定的作用。但特别要注意的是，幽默不是万能的，也并不是一切的过错都可以用幽默轻轻地遮掩过去，幽默的同时绝不能忘记最起码的真诚。

是的，幽默可以对我们在家庭中掩饰自己的过失起到一定的作用。无论是男人还是女人，某些重大的甚至会危及夫妻关系的错误必须向对方实话实说，尽力赢得对方的宽容和谅解。只有这样，家庭才能和谐美满。

31.

守护爱神，幽默化解婚姻危机

生活不可能是一帆风顺的，婚姻也是一样，有浓浓的蜜月，自然也会有平淡的日子，还会有不愉快的时光，甚至拧成的疙瘩。当这一切都不可避免时，怎么及时消除婚姻危机就是当务之急了。英国文学家劳伦斯曾说过："世俗生活最有价值的就是幽默感。作为世俗生活的一部分，爱情生活也绝不能少了幽默感。过分的激情或过度的严肃都是错误的，两者都不能持久。"所以，即使在恋爱中两人有分歧，即使你对对方有诸多的不满，也不要忘记还有一种解决方法叫做"幽默"。

美国有人讲，夫妻双方的最佳吸引期是 7~8 年，而幽默能延长这种吸引期。

美国的克林顿与他的夫人希拉里——他们曾经是同班同学，克林顿多次追求希拉里，终于成功，后来克林顿一路升迁。但他们也出现了感情危机，主要是莱温斯基，后来传说还有其他女性。希拉里很苦恼，曾经想结束这段婚姻。她写书、从政，当了议员。在民主党内，她的党首的支持率超过了戈尔 9 个百分点，2008 年作为民主党的候选人参加大选，尽管此前她自己还没有正式表态，但有一点是肯定的，她将与克林顿继续保持这段婚姻，用她的话来说，就是看中了克林顿的激情和幽默。

如果说前面说到的恋人和夫妻之间的分歧算是一种小危机的话，那么夫妻吵架则是常见的一种家庭大危机，一吵起来往往如同火山爆发一般，在感情的冲动下说出伤人的狠话，造成夫妻之间感情的裂痕，成为夫妻关系最可怕的杀手，所以，能不能及时地灭火就成了事情能否很好解决的关键。

有一则幽默多年来一直被奉为夫妻之间幽默的经典：

有对夫妻在婚后经常吵架，两个人常常互不相让，已经到了忍无可忍的地步，在一次争吵的高潮中，女的愤怒到了极点，她激动地边收拾东西边说："天哪，这哪像个家！我再也不能在这样的家里待下去了！"说完，她拎起自己的皮箱，夺门冲了出去。

她刚出门，男的也跟过来，也恨恨地说："等等，咱们一起走！天哪，这样的家有谁能待下去呢！我也决定出走了。"男的也拎上自己的皮箱，赶上妻子，并把她手中的皮箱接过来。

女的被这突如其来的幽默逗笑了，刚刚的不快也忘记了，两人不知在哪儿转了一圈，又一块儿回家了，回来的时候，他们的神情简直像刚度完蜜月一样。

正是那男子的一句幽默话挽救了这个家庭。在那个时刻，那种情形下，除了依靠幽默的力量外，实在没有什么更好的办法能使妻子在极短的时间内回心转意。

一位丈夫下班后，没有直接回家，而是和同事去了酒吧，因此他到家的时间比平时晚了两个小时。他的妻子见他回来，大声地诘问道："你到哪里去啦？这么晚了才回家，你有事怎么不提前打个电话？"

丈夫也自知理亏，幽默地说："假如我连这点自由都没有的话，会被人家笑话的，他们会说我不是大丈夫。"

妻子听后笑了。这位丈夫用幽默的语言，感化了妻子，让家庭生活重新充满了欢乐。其实，在生活中，亲人之间有时有意幽默一下，可以构成一出幽默的喜剧，让生活其乐融融。

在家庭生活中，夫妻之间不免会因为习惯问题发生分歧，如果夫妻二人说话总是一本正经，就容易产生冷漠感，时间长了两人心理都会受不了。所以，一定不要忘记积极去寻找幽默，让你们之间的"谈判"快乐起来。

一天，妻子又在动员丈夫戒烟。丈夫不满地说："你说了半天，我也不知道戒烟到底有多大好处。"

妻子说："第一条，抽烟能省不少钱呢。你难道没听人说过'三年不抽烟，买头骡子牵'这话吗？"

丈夫问："可是我们并不需要一头骡子，还有其他好处吗？"

"烟含有尼古丁，抽多了短命。"

"好，好，我戒就是了。从现在开始，分两步走。第一步，由每月5条减为3条。"

"第二步呢？"

"到第二个阶段，就只限两个时候抽烟。"

"哪两个时候？"

"下雨和不下雨的时候。"

幽默在夫妻生活中总是扮演一个守护神的角色，在危急时刻，它给人提供安全感，在悲剧时刻，它会引导局势向喜剧方向发展。

家庭之中夫妻争吵是一种普遍现象，不论是伟人还是普通人莫不如此，怨怒之中如果能即兴来一两句幽默，往往会使形势急转而下。

夫妻俩吵得很凶，老婆气得大声叫喊："我真后悔嫁给你，早知如此，还不如嫁给魔鬼了！"

"哦，亲爱的，那是不被允许的，"丈夫平静地说，"你应该知道，近亲是不可以结婚的。"

面对盛怒的妻子，丈夫接过话茬幽默地把她比做了魔鬼，刚刚还占上风、故意刁难丈夫的妻子在貌似提示的嘲讽中冷静了下来。

当你对你的另一半失望、不满时，不妨向下面这对夫妻学习。

夫妻间有时难免闹点小别扭，宽容会使他们达成谅解，幽默能化干戈为玉帛。常言道："清官难断家务事。"许多家庭内部的事，并没有绝对的对与错，一般性的意见不合，只要夫妻双方礼让一下，或开个玩笑，紧张的气氛就会烟消云散，还会为生活增添许多乐趣。

两口子吵架，妻子闹着要同丈夫离婚。他们去县法院的路上，要经过一条不深但很宽的小河。

到了河边，丈夫很快脱掉鞋袜走入水中。妻子站在岸边，瞧着冰冷的河水，发愁怎么过去。丈夫回过头温和地说："我背你过去吧。"

丈夫背着妻子过了河。他们没走多远，妻子说："算了，咱们回去吧！"

丈夫诧异地问："为什么？"

妻子不好意思地低着头说："如果真离婚了，回来的时候，谁背我过河呢？"

在夫妻之间发生矛盾的时候，幽默所表达的是一种委婉的妥协，既不损及自己的颜面，又能同爱人友好地和解。夫妻之间，貌似嘲笑的幽默总是能够迅速地弥补双方之间的个性和认识上的差异，拉近双方的心理距离。

约翰实在无法忍受妻子无休止的唠叨，打算去外面旅店住几天。旅店老板热情地接待了他，并且亲自把他引到一间房门前。

"先生，您住在这里会发现跟到了家一样。"

"天哪！你赶快给我换间房吧！"

这则幽默说明没有幽默的家庭甚至还不如一家旅店。

在家庭中，如果夫妻俩长期说话都一本正经就会产生一种冷漠感，久而久之，俩人心理均承受不了。所以，要积极寻找话题，力图幽默起来。

一天，小郑正与妻子看电视，小郑非常同情电视中的男主人公，不禁发出了一声长叹。妻子察觉到了，问道："你不好好看电视，为什么长叹？"

小郑说："人都说：'水可载舟，也可覆舟'，我想这女人好比是水，男人好比是船。"

没想到他的妻子立刻沉下了脸，厉声问道："自从我跟你结婚到现在，我让你翻过几次船？今天你不说清楚，我跟你没完。"她一边叫嚷，一边揪住了小郑的衣领，眼看一场家庭大战就要爆发。

小郑立即辩解："我想我跟电视上的男主人公一样，是一艘潜水艇，终年潜伏水下，虽不能扬帆千里，也无覆舟之虑，这样才能'天下太平'呀！"

妻子听后转怒为喜。

可见，如若没有幽默，是无法让生活和谐美满的，这是许多人所共有的体会。

在家庭中，夫妻之间话题是主要的，如果夫妻两个长期说话一本正经，会产生一种冷漠感，两人心理都会受不了。所以，要积极寻找话题，幽默起来。

妻子："昨天晚上你说梦话了，你知道吗？"

丈夫："不知道，我说了些什么？"

妻子："你好像在骂我。"

丈夫："很有可能，日有所思，夜有所梦。"

两人的话由于都玄虚，攻击性就淡化了，结果只有欢笑而没有伤害。

如果家庭中有时碰到难以解释的提问，不妨幽它一默，会轻松地融解尴尬。

如此看来，夫妻两人一定要用心去经营婚姻。纵然是出现了婚姻危机也并不可怕，只要学会运用幽默，婚姻一定会顺风顺水。

左右逢源：
幽默是人际交往的沟通桥梁

现代生活节奏快速，人们大多背着难以承受的重负奔波其中，难免在交际场合狭路相逢。现代社会人际交往的过程中，交往程度往往由双方相互间的吸引力而定。一般来说，富有幽默感的人本身就是一个强大的磁场，更容易赢得他人的喜爱和青睐，在与他人的交往中游刃有余，轻松自在。

32.

幽默是社交的润滑剂

社交就是人与人的相互交往。在现代社会生活中，人的社交活动已经扩展到了许多场合。在一定程度上可以说，凡是有人生活的地方就有社交活动。社交在现代生活中具有越来越重要的地位。社交的成功，就意味着彼此喜欢、彼此信任，并愿意互相帮助、互相支持。

如果要想取得社交的成功，其方法、因素自然很多，但幽默的作用是任何别的方法和因素都无法代替的。幽默是与他人建立友谊的杠杆。高尚的幽默可以淡化矛盾、消除误会，使不利的一方摆脱困境。幽默是社交场合里不可缺少的润滑剂，可以使人们的交往更顺利、更自然、更融洽。

幽默是健康生活的调味品。在公众场合和家庭里，当发现一种不调和的或对对方不利的现象时，超然洒脱的幽默态度往往可以使窘迫尴尬的场面在笑语欢声中消失。

幽默往往是有知识、有修养的表现，是一种高雅的风度。大凡幽默者，大多也是知识渊博、辩才杰出、思维敏捷的人。他们非常注意有趣的事物，懂得开玩笑的场合，善于因人、因事不同而开不同的玩笑，能令人耳目一新。

幽默可以使我们在交往中变得轻松、洒脱、活泼，使交往更加情趣盎然。幽默的人易与人保持和睦的关系。

现实生活中常常不乏令人碰得头破血流而仍然得不到解决的问题。但是，如果来点幽默，问题往往会迎刃而解，使同事之间、夫妻之间化干戈为玉帛。

幽默还能显示自信，增强成功的信心。生活的艰难曲折极易使人丧失自信，放弃目标，若以幽默对待挫折，往往能够重新鼓起未来希望的风帆。从社交礼仪来看，幽默的运用会使人产生许多温馨的感觉，并留下较为深刻的印象。

从社交关系上来看，无论你是达官贵人还是平民百姓，是学生还是工人，是将军还是士兵，都可以运用幽默来获得意想不到的效果。

高林去看望老情人，情人的保姆却对他说："不好意思，小姐要我告诉你，她不在家。"高林说："没有关系，你就告诉她，我并没有来过！"

这是一种幽默处理法，以善意的谎言道出了高林的心声，并对女主人避而不见的做法表达出不满。可以想象，当他的情人听到这种客气的答话时，会忍不住走出来与他见面的。

一个城里人取笑乡下人，他对乡下人说："喂！是第一次进城吧？有何感想？""有呀！好像城市都是在田野中建起来的。"乡下人说。

对同事的错误采用幽默的方式来指出，不但可以产生幽默的意境，而且会在和谐的气氛中收到更好的效果。女秘书上班迟到了，老板很不高兴，问她："小姐，星期天晚上有空吗？""当然有，经理先生！"秘书高兴了。老板说："那就请您早点睡觉，省得您每个星期一上班迟到。"

在现实社会中，每个人的人生态度都是不同的，形形色色的人分别走着各自不同的人生道路，形成了许许多多的人生观。在此，应该提醒大家的是，要潇洒地面对人生就少不了幽默，这一点对任何人都不会例外。如果一个人对人生中的各种困难都持乐观态度，那解决困难的信心就有了。

名人与普通人对待自己的工作是平等的，即使是获得了崇高的荣誉，也不妨更为潇洒点，就像居里夫人那样。

有一天，居里夫人的一个朋友来到她家，忽然看见她的小女儿正在玩英国皇家学会刚刚奖给居里夫人的一枚金质勋章，朋友忙问居里夫人："您现在能够得到一枚英国皇家学会的勋章，这是很高的荣誉，怎么能给孩子玩呢？"

居里夫人笑着说："我是想让孩子从小就知道，荣誉就像玩具，只能玩玩而已，绝不能永远守着它，否则将会一事无成。"

幽默是一种艺术，是用来增进你与他人的关系，改善你对自己真诚的评价的一种艺术。一个善于说笑与幽默的人，常给朋友带来无比的欢乐，从而在人际交往中增加魅力，备受欢迎。

一般来说，一个人在谈吐中仪态自然优雅、机智诙谐、风趣、懂得自嘲、引人发笑，我们都可以说他是个具有幽默感的人。而能善用比喻，将有趣的故事导入主题，更能令人印象深刻。

幽默是一种智慧的表现。具有幽默感的人随处都受欢迎，因为他们可以化解许多人际的冲突或尴尬的情境，能使人的怒气化为豁达，亦可带给别人快乐。所以我们说：幽默是人类通用的语言。

俗话说：在家靠父母，出门靠朋友。能够多交一些朋友，常与朋友交谈、聊天，能使你心胸开阔、信息灵通、心情开朗，同时也能取人之长，补己之短。遇到烦恼的事情，朋友可以安慰你；遇到什么难题，朋友可以帮你出主意；有什么苦衷，也可以向朋友倾诉一番；遇到什么喜事和值得高兴的事，可以和朋友说说，分享快乐。

在拥挤的公交车上，即使身体互相挤碰，人们之间一般也无话可说。可是有这么一个人他突然就耐不住寂寞了，他说道："喂，各位，大家都吸一口气，缩小些体积，我挤得受不了啦，快成照片了！"大家就一起笑起来。陌生人之间都变得亲近起来，交流便由此开始了。

要找到志同道合的朋友并不是一件容易的事情。交友难，其实难就难在交友的方法上，幽默交友不失为一种有效的方法。陌生的朋友见面，如果幽默一点，气氛将变得活跃，交流会更顺畅。

著名国画大师张大千与著名京剧艺术大师梅兰芳神交已久，相互敬慕。

在一次张大千举行的送行宴会上，张大千向梅兰芳敬酒，出其不意地说："梅先生，您是君子，我是小人，我先敬您一杯！"

众人先是一愣，梅兰芳也不解其意，忙问："此语作何解释？"张大千朗声答道："您是君子——动口；我是小人——动手！"

张大千机智幽默，一语双关，引来满堂喝彩，梅兰芳更是乐不可支，把酒一饮而尽。

大多数人都有广交朋友的心，苦的是没有行之有效的方法。如果我们能像张大千一样，注意感受生活，勤于思考，有一天我们也会变得和他一样幽默风趣，到那时，对我们来说世界就不再是陌生的了，因为陌生人也会乐意成为我们的朋友。

两辆轿车在狭窄的小巷中相遇。车停了下来，两位司机谁也不准备给对方让道。对峙了一会儿，其中一位拿出一本厚厚的小说看了起来，另一位见了，探出头来高声喊道："喂，老兄，看完后借我看看啊！"逗得看书的司机哈哈大笑，主动倒车让路。另一个司机则在车开过了小巷之后主动与看书的司机交换了名片，并真的向他借书看。两人的家离的本就不远，后来两人就成了很好的朋友。

上面故事中向人借书看的那位司机真是将幽默的交友艺术发挥到了极致，因为本来用幽默的话语将矛盾的热度降低到零，把车开出小巷之后就已经达到了目的，他却没有就此停止，而是通过进一步的幽默将两人发展成朋友关系。所以，当我们与陌生人发生冲突的时候，如果能幽默一点，大度一点，矛盾应该可以化解，敌意也能变成友谊。

朋友间的幽默，方式很多，只要幽得开心，默得可乐就可以了。法国作家小仲马有个朋友的剧本上演了，朋友邀小仲马同去观看。小仲马坐在最前面，总是回头数："一个，两个，三个……""你在干什么？"朋友问。"我在替你数打瞌睡的人。"小仲马风趣地说。

后来，小仲马的《茶花女》公演了，他便邀朋友同来观看自己剧本的演出。这次，那个朋友也回过头来找打瞌睡的人，好不容易终于也找到一个，说："今晚也有人打瞌睡呀！"小仲马看了看打瞌睡的人，说："你不认识这个人吗？他是上一次看你的戏睡着的，至今还没睡醒呢！"

小仲马与朋友之间的幽默是建立在一种真诚的友谊的基础之上的，丢掉虚假的客套更能增进朋友之间的友谊。可见，交朋友要以诚为本。

朋友之间要以诚相待，互相关心，互相尊重，互相帮助，互相理解。爱人者人皆爱之，敬人者人皆敬之。关心别人，才会得到别人的关心；尊重别人，才会得到别人的尊重；帮助别人，才会得到别人的帮助；理解别人，才能得到别人的理解。

掌握了幽默的交友技巧，我们的朋友就会遍布天下，陌生人会变成新朋友，更多的新朋友将变成老朋友。

33.
幽默是沟通的有效方式

在这个高速发展的经济时代，人脉已成为个人能力不可或缺的支持体系。对于一个人来说，个人能力是利刃，人脉是秘密武器。如果光有能力，没有人脉，个人竞争力就是一分耕耘，一分收获。但若加上人脉，个人竞争力将是一分耕耘，数倍收获。因此，拥有良好的人脉资源，不仅能在困难时为你雪中送炭，更能为你的事业发展锦上添花。一个人想要打造自己的人脉关系网，就难免要进行人际交往，在这个时候，幽默就是最好的沟通方法。

在人际交往中，幽默是心灵和心灵之间快乐的天使。拥有幽默，就等于拥有了爱和友谊。凡是具有幽默感的人，他所到之处都将是一片欢乐和融洽的气氛。恰当地运用幽默会使人们之间的沟通更加顺利，人际关系更加和谐，人脉更加旺盛。

马克思就是一个善于用幽默联系友谊的人，他与诗人海涅有着十分深厚的友情。

有一年，马克思受到法国当局的迫害，便匆匆忙忙离开了巴黎。临行时，他给海涅写了一封信，信中写道："亲爱的朋友，离开你使我痛苦，我真想把你打包到我的行李中去。"

把人打包到行李中去，这是不可能的事。马克思同海涅开的这个玩笑，显示了两人的珍贵情谊，更体现了马克思这位伟大人物的幽默和风趣。

许多大红大紫的主持人都属于那种"貌不惊人"的类型，然而他们为什么会受人欢迎呢？原因在于，他们主持节目时那种轻松挥洒的幽默技巧弥补了他们自身外观条件的缺憾。

曾有一个秃头者，当别人称他"理发不用钱，洗头不用汤"时，他当场就变了脸，令一个原来比较轻松的环境立刻变得紧张起来。但是幽默的人在此种情境之下，完全可以化解自己的尴尬并使自己成为受欢迎的人。

有一个教授也是秃头者，他在演讲时是这样作自我介绍的："一位朋友称我聪明透顶，我含笑地回答：'你小看我了，我早就聪明绝顶了。'"顿时，全场哄堂大笑。之后他又指了指自己的头说："我今天演讲的题目是'外表美是心灵美的反映'。"这个教授就这样开始了自己的演讲，他的这番自白也使整个会场中充满了活跃的气氛。

同样是秃头，同样受到别人的揶揄和嘲谑，为什么不同的人得到了别人不同程度的认可？其根本原因就在于是否有幽默感。

与人打交道时，什么样的人、什么稀奇古怪的事都会遇到，尤其是不怀好意的人突如其来的"袭击"，这时幽默可以帮你化险为夷。

美国幽默作家霍尔摩斯有一次出席一个会议，他是与会者中身体最为矮小的人。"霍尔摩斯先生，"一位朋友不怀好意地说，"你在我们中间是否有鹤立鸡群的感受？"霍尔摩斯反驳了他一句："我觉得我像一堆便士里的铸币。铸币面值 10 便士，但比便士体积小。"他以幽默的回答化解了自己的尴尬，也回击了对方。

幽默往往能通过大家同笑的方式弥补人际间的思想鸿沟，架起感情沟通的桥梁，增进人际间的信任，化解交往中的冲突。幽默是解决各种矛盾和问题的最好办法，幽默的自我解嘲是非常有效的交际手段，它能迅速拉近人与人之间的距离。

林语堂说过："智慧的价值，就是教会笑自己。"在现实生活中，拿自己的错误开玩笑，让人捧腹大笑的同时便也种下了友谊之树。

无法避免的冲突对于幽默感不强的人而言，往往意味着一场考验，是拍案而起、横眉怒目，还是悲天悯人、大智若愚？幽默家的高明在于，即使到了针锋相对的时候，也不会像平常人那样让心灵被怒火烧得扭曲起来，而是仍然保持着相当的平静。最重要的是，幽默家在平常人已感到别无选择的时候，依然能想出许多打破常规思维框架的选择。

约翰是一个极富幽默感的警官，无论什么案件或者难题在他手中总能迎刃而解，所以，他在警署里受到了很多同事的青睐。

有个星期日，在闹市区的一个路口。有个持不同政见的人正在发表演讲："如今的政治糟透了，我们应把众议院和参议院统统烧了！"由于他的演讲，行人越聚越多，堵塞了交通。警察赶到时，秩序大乱，路面上水泄不通。

正在旁人无从下手之时，约翰急中生智大叫一声："同意烧众议院的站到左边，同意烧众议院的站到右边。"只听"刷"的一声，人群顿时分开，道路豁然畅通。

幽默是智慧的结晶，若没有智慧，显然难以立即化解堵塞的交通。

矛盾无时不在，矛盾无处不在。在人际交往中遇到冲突，自然没有什么值得大惊小怪的，但是处理矛盾的方法不同，结果就可能大相径庭。用幽默化解冲突，就好似用激光刀给病人做手术，无声无痛地就能解决问题。

在日常的人际交往中很容易发生误会。面对尴尬时，消弭的方法不同效果就有可能迥异。幽默可谓是灵丹妙药，真正的幽默，不仅可以博得众人的会心一笑，也可以消除尴尬。

在戏院看戏的时候，吉特里碰到一位先生，后者坚持要约他下周的某一天与他共进晚餐。

吉特里只好同意了："那就下星期四吧。"

"说定了，你真令我高兴。"

那人走后，吉特里本来就不想到那个人家里去，因而转身对他秘书说："这家伙真叫人讨厌，替我写信告诉他，下星期四我没空……"

说到这里，他突然瞥见那位先生还在他后面，于是紧接着说："因为那天我得跟这位先生共进晚餐。"

别人对我们的好感程度，往往决定了我们做事的顺利程度。幽默则不失为一种赢得好感的好办法，因为笑是全世界适用的通行证、是友善沟通的桥梁。用幽默激活你的人脉磁场，做一个处处受人欢迎的微笑大赢家吧。

34.
用幽默化解矛盾、冲突

幽默在日常生活中起着点缀、调和、调节的作用，是人们在社交场合中所穿的最漂亮的服饰。幽默不仅能为你赢得广阔的人脉，助你摆脱尴尬与窘迫，更能像润滑剂一样，降低人际交往中的"摩擦系数"，化解冲突和矛盾，使人们从容地摆脱沟通中可能遇到的困境。

在一辆装满乘客的公共汽车上，大家像沙丁鱼罐头一样，挤在摇摇晃晃的车厢里。由于天气很热，很多人手中都拿着冷饮在吃。

这时，一位吃冰淇淋的青年，用嘴一咬，只听"吱唧"一声，那冰淇淋汁喷射出来，正好溅到旁边一位青年的鼻子上。

一瞬间，大家认为争吵将马上开始。被溅到冰淇淋那位青年的女友，一边掏出手帕给他擦脸，一边狠狠地瞪着那个吃冰淇淋的人。

不料，她的男友却笑着说："你等一下，他还没有吃完，可能还会飞溅过来的，待会儿一块擦。"

他的话很有节制，也很幽默，旁边的许多人都笑出声来。那位惹祸的青年也尴尬地笑起来，并再三道歉。

当这个幽默的小伙子和其女友下车时，全车的人都投去敬佩的目光。

吃冰淇淋的青年无意中把汁水溅到别人身上，他是无害人恶意的，但客观上他却使别人受到了小小的损害，这对一个正派人来说，心理上定有几分负疚感。这个时候，如果被害人再加以谴责，显然是不高明的举动。

这个被溅了冰淇淋的男青年没有这样做，他仅仅是说了句玩笑话，立刻使一触即发的紧张局面得到缓和，化敌意为友好，表现出很高的修养。

生活中很容易遇到一些矛盾与冲突，幽默的语言能够巧妙地化解这些矛盾，并给双方都保留圆融的余地。

一位妻子过生日，她丈夫就请她到一家餐馆吃饭。要了一道菜叫"蚂蚁上树"。可端来的菜盘时只有粉丝不见肉末。

妻子故作不知，问服务小姐："服务员，这道菜叫什么？"服务小姐仔细一看，不好意思地回答："蚂蚁上树。"

"怪了，怎么只见树不见蚂蚁呢？"妻子有些得理不饶人，面对一声高过一声的质问，服务小姐十分窘迫。

丈夫见状，马上接过话来，说："老婆，大概蚂蚁太累了，还没爬上来呢。服务员，麻烦你跟老板说一声，赶紧给我们换一盘爬得快的蚂蚁。要知道时间就是生命啊。"

服务小姐如释重负，赶紧为他们换了一盘名副其实的"蚂蚁上树"。

这位丈夫真是善解人意，他的话幽默风趣而又大度，既缓解了紧张的气氛，又让双方都找到了体面下台的契机。妻子听了他的话，会心地展颜一笑；服务小姐呢，则带着感激的心情，想办法补偿过失。这样机智而幽默地处理问题，既消解了冲突，又缓和了气氛，这位丈夫可谓是睿智成熟的交际高手。

如果是遇到刻意刁难，让人备感难看的问题面前，你也可以采取"答非所问"的幽默技巧，抓住表面上某种形式上的关联，不留痕迹地闪避实质层面，有意识地中断对话的连续性，求得出其不意的表达，幽默旨在另起新灶，跳出被动局面的困扰。

在一次联合国会议休息时，一位发达国家外交官问一位非洲国家大使："贵国的死亡率一定不低吧?"非洲大使答道："跟贵国一样，每人死一次。"

外交官的问话是对整个国家而言，是通过对非洲落后面貌的讽刺来进行挑衅。大使没有理会外交官问话的要害点，而故意将死亡率针对每个人。颇具匠心的回答，营造着别样的幽默效果，有效地回敬了外交官的傲慢，维护了本国尊严。

在现实生活中，人们在进行言辞交往时，经常会碰到一些自己不能回答或不便回答但又不能拒而不答的问题，这时，可以用闪避的语言巧妙地回避问题。

闪避是言语交际中从礼貌的角度出发的做法，它的要求是：对别人所问，应当回答，但答要答得巧妙，迂回地达到躲闪、回避别人问话的目的。既要让别人不致难堪下不了台，又要维护自己不能答、不便答的原则。

阿根廷著名的足球运动员迪戈·马拉多纳在与英格兰球队相遇时，踢进的第一球，是"颇有争议"的"问题球"。据说墨西哥一位记者曾拍下了"用手拍人"的镜头。

当记者问马拉多纳，那个球是手球还是头球时，马拉多纳机敏地回答说："手球一半是迪戈的，头球有一半是马拉多纳的。"

马拉多纳的回答颇具心计，倘若他直言不讳地承认"确系如此"，那么对裁判的有效判决无疑是"恩将仇报"。但如果不承认，又有失"世界最佳球员"的风度。而这妙不可言的"一半"与"一半"，等于既承认了球是手臂撞入的，颇有"明人不做暗事"的大将气概，又在规则上肯定了裁判的权威，亦具有了君子风度。

智慧有时就隐藏在假装糊涂的幽默中。很多场合常常会出现意外事件，如果不能妥善处理，就会使人更难堪，从而破坏气氛。遇到这种情况时，要想化解难堪和尴尬，不妨假装糊涂，幽默、机智地应变。如果在出现问题的时候直接向别人道歉或进行反驳，有时只会使自己更加难堪，适当地装装糊涂，幽默一下，反而能够巧妙地解决问题。

一位空中小姐用悦耳的声音说道："请把烟灭掉，把安全带系好。"所有旅客都按空中小姐的吩咐做了。过了5分钟，空中小姐用比前次更优美的声音说道："请把安全带再系紧一些，很不幸，我们的飞机忘了带食品。"

按常规，空姐要乘客再次系紧安全带，显然是飞机出现了某些不安全的因素。然而，空姐的提示却一反常态，装糊涂地岔入了另一轨道——忘带食品，这自然产生了十分幽默的情趣，免去了乘客的恐慌心理。

我们在生活中，总是遇到各种人，要不断地、交替地扮演着多种角色，因此，我们有可能要去应付不合理的要求、令人不快的行为或者闹得不像话的场面。这样的时候，你完全可以收起自己的锐利锋芒，适当地装下糊涂，这样不但可以帮你从窘境中解脱出米，还可以起到讽刺对方的幽默效果。

莎士比亚的著作《第十二夜》中主人公薇奥拉说过这样一句话：

"因为他很聪明，才能装出糊涂人来。彻底成为糊涂人，要有足够的智慧。"

普希金年轻时并不出名，有一次，他在彼得堡参加一个公爵的舞会。他想邀请一位年轻漂亮的贵族小姐跳舞，这位小姐十分傲慢地说："我不能和小孩子一起跳舞。"普希金微笑地说："对不起，亲爱的小姐，我不知道你正怀着孩子。"说完，礼貌地向她鞠躬。

那位小姐反应过来的时候，顿时满脸通红，但是却不好发作，只能任他离去。普希金故意装作自己没听懂对方的话，让自己免于被嘲讽的尴尬，同时还有力地回击了那位傲慢的小姐。

幽默能够能够使社交更加圆满。友善的幽默能够表达人与人之间的真诚友爱，拉近人与人之间的距离，填平人与人之间的鸿沟，是和他人建立良好关系不可缺少的东西。精彩的现实世界，如果缺少了幽默的点缀，就会变成一片荒芜的沙漠。

35.
幽默能让尴尬化于无形

具有幽默感的人很有亲和力，可以化解许多人际关系中的无可挽回的错误或尴尬境况，并将怒气的坚冰融化。

某百货公司大拍卖，当购货的人又推又挤的时候，每个人的情绪都像上了膛的炮弹，一触即发。有一位女士愤愤地对结账小姐说："幸好我没打算在你们这儿找礼貌，在这儿根本找不到。"附近的人都在看着这一幕，并且开始窃窃私语。

结账小姐并没有尴尬得不知所措，而是沉默了一会儿，仍然微笑着说："请问您可不可以让我看看你的样品？"

那位女士愣了片刻，笑了出来，并对结账小姐表示了歉意，一场尴尬冲突顿时消弭于无形之中。

作家欧希金也曾以幽默的方式完美摆脱了一个困境。他在他的著作——《夫人》一书中，写到了美容产品大王卢宾丝坦女士。后来在一次他自己举行的家宴中，有一位客人不断地批评他，说他不应该写这种女人，因为她的祖先烧死了圣女贞德。其他客人都觉得窘迫而尴尬，几度想改变话题，但是都没有成功。谈话的气氛越来越僵硬，话题也越来越尴尬，最后欧希金自己说："好吧，那件事总得有个人来做，现在你差不多也要把我烧死了。"随后他又加上一句妙语："作家都是他的人物的奴隶，真是罪该万死！"

那个客人只好讪讪地闭上了嘴巴，宴会的气氛也得到了缓和。

一次，美国总统里根在白宫钢琴演奏会上讲话时，夫人南希不小心连人带椅一同跌落在台下地毯上，观众都发出惊叫声。在200多位观众的注视下，里根夫人急忙灵活地爬起来回到了座位上。正在讲话的里根见夫人没有受伤，便插入一句俏皮话："亲爱的，我告诉过你，只有在我没有获得掌声的时候，你才应该这样表演。"顿时，掌声一片。里根依靠他那超群的能力和胆识，机智而又幽默地化解了妻子南希和自己的尴尬，维护了双方的形象，同时又活跃了会场上的气氛，为演奏会增添了一个小小的插曲。

明太祖朱元璋当上皇帝以后，有一天他忽然想起少年时代在皇觉寺当和尚时，曾经在一个殿的屋角写了一首打油诗，便决定到那里去看一看。到了皇觉寺，他走遍了各殿宇也找不到往日的题壁诗。于是他责问方丈为何不把他的诗保护好。方丈急中生智，奏道：圣上题词不敢留，诗题壁上神鬼愁。谨将法水轻轻洗，犹有龙光射斗牛。朱元璋听了顿时转怒为喜，厚赐方丈而归。

当进退维谷的尴尬局面出现时，你可以运用幽默，这样就可以将事态向好的方向扭转，甚至可以使人变被动为主动。

小王是个上班族，一次，他在上班时间去理发。而公司明文规定，员工在上班时间不能随意外出。小王正在理发时，公司经理出现在他面前。经理面有怒色，小王也紧张起来。

经理对小王说："小王，现在是上班时间，你为何在理发店？"

小王吸了两口气，平静下来，回答道："经理，您看，我的头发是在上班时间长的。"

经理马上接道："不全是，你下班时间也长头发了。"

小王礼貌地回答："您说得太对了！所以我现在只剪上班时间长的那部分。"

小王的回答可谓是"强词夺理"，不过假如小王被问得哑口无言，不懂得用幽默来为自己解围的话，小王一定会很尴尬，而且还让经理非常生气。而聪明的小王用了一个小小的幽默，经理不仅对小王的巧辩比较欣赏，而且还可能会对小王另眼相看，至于这样的小错误，就不会太放在心上。

虽然这个事例中的小王违反规定在前，但他能用幽默的方式为自己解围，可谓是急中生智。如果我们借鉴小王的经验，那在遇到其他尴尬境地的时候必然也会让自己安全脱困而出。

巧妙地运用幽默，可以及时地弥补失言所带来的过失，从而避免因失言而给双方的关系蒙上阴影，并让双方的交往变得更为顺畅。

1912 年，罗斯福在一个小城市发表演说，在他的演说中，罗斯福说他一向支持和赞成妇女参政议政。

这时，有人突然喊道："罗斯福，你以前不是非常反对妇女参政吗？"

罗斯福坦然地回答说："是的，我的确是反对过妇女参政，在此我向她们表示歉意。那是在五年前我的学识还不够丰富的时候，但是我现在已有进步了。五年的时间，地球都已经围绕太阳公转了五个圈子，难道我还不能转变我的观点吗？"

当我们不小心出现了失言时，巧妙地使用幽默，可以使我们顺利地弥补错误，不让对方产生不满，从而使自己尽快摆脱窘迫的境地。

有一次洛克菲勒要到安莫洛·林白家喝茶。

安莫洛·林白的母亲心想，自己调皮的女儿很有可能会当着洛克菲勒的面，说他有一个大鼻子，于是安莫洛太太千叮万嘱地告诉她的小女儿："等到洛克菲勒先生来了，千万不能提他的鼻子，否则，就是对客人的不尊重。"

洛克菲勒来了，安莫洛·林白很有礼貌地表示欢迎，之后就跑到院子里玩去了。安莫洛太太拿起茶壶，终于松了一口气，她很有礼貌地对洛克菲勒说："洛克菲勒先生，要不要在你的鼻子里加点牛奶？"

洛克菲勒吃了一惊，安莫洛太太急中生智，她幽默地说："哦，我的意思是说，牛奶已经煮好了，而且香味扑鼻，你此时一定想好好地喝一杯牛奶吧！"

洛克菲勒听了开怀大笑。

当我们失言时，巧妙地幽默一下，可以摆脱这种令人尴尬的境地，并让对方从幽默中感受到你的真诚与热情。

幽默具有含蓄委婉的特点，它较之直言不讳的表达更容易让人接受。在失言时，学会利用幽默的语言灵活地补救，一定会得到他人的谅解和宽容。

不小心失言时，用幽默的方法明示自己的错误，便能显示出一个人的坦诚和幽默感，这样就能够淡化自己的失言，避免在他人心中留下不良印象。

有个人认错了同学，他说："哎呀，老同学，你变得太厉害了。原来你是个大胖子，现在你却变成了豆芽菜。我真是做梦都想不到呀，老张！"

对方说："你认错人了，我不是老张。"

这个人急忙说："什么，不可能吧，你怎么连自己的姓都给改了呢？"对方大笑。

在人际交往中，难免会遇到类似的尴尬，自然也需要用适当的幽默予以弥补，才能避免误会，让友谊之花常开不败，使双方的交往顺利进行。

在生活中，能不能运用幽默这种力量处理好交往中的窘境，是对人们的一种挑战和考验，因为它能从某方面折射出一个人的应急处事能力，从而表现一个人的内在修养和气质。

36.
幽默表达，推销自己

在商业化的社会中，积极推销自我的人越来越多。要想得到别人的赏识，虽然能力的高低是重要的决定因素，但推销方法的高明与否却往往是成败的关键。有些人就恰恰是因为方法不好，因此虽然颇具才华，但却不能为人所接受。如果在自我推销的过程中加入幽默的成分，相信会收到意想不到的效果。

美国有一位大学毕业生急于找到工作。一天，他跑到一家报社自我推荐。

他找到一位经理问道："你们需要一个好编辑吗？"

"不需要。"

"那么记者呢？"

"不，我们这里现在什么空缺也没有！"

"那么，你们一定需要这个东西。"大学生拿出一块精致的牌子，上面写着："额满暂不雇用。"

经理感到眼前的这位小伙子很有意思，便立刻打电话把这件事情报告给老板。随后，他笑嘻嘻地对大学生说："如果愿意，请到我们广告发行部来工作。"

这位青年巧妙地用幽默推销自己，终于打破了僵局，找到了工作。后来，因为工作出色，他成为那家报社的广告部主管，并成功地使报纸的日销售量从 5 万份左右提高到 10 多万份。

学会幽默地推销自己，并非只是一句空洞的说教。推销自己的过程，其实就是一次全面展示自己才学、品行、智慧的过程，这个过程是无法靠临时抱佛脚来应付的。

自吹自擂也是一种推销自己的幽默术，自吹自擂式幽默作为一种"厚脸皮"的幽默技巧，可广泛地应用于日常生活中。不管你处于什么样的情势，都可以毫不脸红地把自己吹嘘一番。当然，你所"吹"所"擂"的东西应与现实情况有较大差异，并且表意明确，让对方很容易通过你的话语看出你的名不副实。只有这样，才能收到良好的幽默效果。

萨马林陪着斯图帕托夫大公去围猎，闲谈之中萨马林吹嘘自己说："我小时候也练过骑马射箭。"

大公要他射几箭看看，萨马林再三推辞不肯射，可大公非要看看他射箭的本事。实在没法，萨马林只好搭箭开弓。

他瞄准一只麋鹿，第一箭没有射中，便说："罗曼诺夫亲王是这样射的。"

他再射第二箭，又没有射中，说："骠骑兵将军就是这样射的。"

第三箭，他射中了，他自豪地说："瞧瞧，这就是我萨马林的箭法。"

萨马林本不谙箭法，无心吹嘘了一下，不料却被大公抓住把柄，非要看他出丑不可。好在萨马林急中生智，把射失的箭都推到别人的身上，仿佛自己射失只是为了作个示范似的。终于好不容易射中一箭，赶紧揽到自己身上，夸耀一番。萨马林射箭的本事想必大家是心里有数的，可经他这么自吹自擂地幽默一番，非但没有当场出洋相，说不定还会令斯图帕托夫大公开怀一笑呢。

　　美国职业棒球队的某选手曾夸耀他自己的跑步速度说："我若告诉你我能跑多快，你恐怕得吓死哦！只要我打出全垒时，观众还没听到球棒打到球的声音，我人可能已经到一垒了。"

　　这个人的自我吹嘘实在是言过其实，因为谁都知道无论是谁，事实上都不可能达到那样的速度。但说出这话的棒球选手非但没有令大家讨厌，反而会使大家对他的可爱和幽默印象深刻。

　　事实证明，用幽默推销自己时，如果言辞太过于自夸，在现代社会中还是不太容易被接受的。不过，从制造幽默的角度来说，情况与事实有出入而自己却津津乐道，恰能透出浓浓的幽默情趣。另外，个人的性格也影响着自夸的效果，同是一句自夸的话，若是由具有幽默感的人来说，可能就比较顺耳且充满魅力。

　　除了自夸，人们还可以通过自嘲的幽默方式将自己展现出来，从容驾驭遇到的任何情况。

　　自嘲不是自轻自贱，而是一种豁达开朗和返璞归真的人性美的体现。有时趣说自己也是一种巧妙的应变技巧。没有足够自信心的人是无法做到自嘲的，因为他们生怕暴露自己的缺点，只想遮掩、躲避，哪里还敢暴露自身的缺陷呢？

　　被誉为"宝岛十大才子"的台湾著名作家林清玄曾应邀到河北金融学院演讲。会场上座无虚席，连过道上都挤满了人，大家都想一睹林清玄先生的"风采"。所以，当身材矮小又略带秃顶的林清玄一出现，全场一片哗然。

　　林清玄毫不介意，仍然微笑着走上了讲台。讲台是多媒体台式讲桌，林清玄坐下后，顿时便"无影无踪"了。正在大家惊诧之际，林清玄站了起来，不无自嘲地说道："这桌子有点高哦！"全场观众不禁哈哈大笑起来。林清玄接着说："为了让大家近距离看清我'英俊帅气'的容貌，我就站到讲台下，接受同学们雪亮目光的'洗礼'吧！"

　　说罢，林清玄真的走下讲台，来到了同学跟前。全场观众都被他幽默的话语与举动逗乐了。

　　能够做到自嘲、轻松调侃自己缺点的人，一定是不以此缺点而自卑的。他们懂得欣赏自己的长处，表面挖苦了自己，实际却是极其自信的表现。时时这样，除了能表现出你这个人豁达、谦虚，最重要的是能让人们从心底里接受你的自信。

　　美国总统林肯其貌不扬。一次，一位议员斥责他是"两面派"。林肯沉着应对："诸位评评理，如果我还有另外一副面孔的话，我还会带着这副难看的面孔来见大家吗？"

　　林肯用一句自嘲为自己摆脱了对方的责难。

　　成功者大多都是幽默的高手，因为他们知道幽默有助于摆正事情的位置，减缓紧张情绪。在尴尬的时候幽上一默，不仅缓解气氛，还能让人感到你智慧的魅力。

　　一个缺乏幽默感的人除了让人感到呆板外，更容易让人产生紧张、警惕的感觉。在表达自己意思的时候，适当地融进一些轻松幽默不失为一种恰当的策略，它能使你和对方之间的来往变得轻松有趣，对能否良好地展现自我、实现你的目的来说更是一大助力。

37.

做个敢于自我开涮的人

　　适时适度地自嘲，不失为一种良好修养，一种充满魅力的交际技巧。自嘲，能制造宽松和谐的交谈气氛，能使自己活得轻松洒脱，使人感到你的可爱和人情味，有时还能更有效地维护面子，建立起新的心理平衡。

　　自嘲能产生以下五大积极效果。

　　1. 摆脱窘境

在交谈中，当对方有意无意地触犯了你，把你置于尴尬境地时，借助自嘲摆脱窘境，是一种恰当的选择。

20 世纪 50 年代初，美国总统杜鲁门会见十分傲慢的麦克阿瑟将军。会谈中，麦克阿瑟拿出烟斗，装上烟丝，把烟斗叼在嘴里，取下火柴。当他准备划燃火柴后，停下来对杜鲁门说："抽烟，你不会介意吧？"

显然，这不是真心征求意见，在他已经做好抽烟准备的情况下，如果对方说他介意，那就会显得粗鲁和霸道。这种缺少礼貌的傲慢言行使杜鲁门有些难堪。

然而，他看了麦克阿瑟一眼，自嘲道："抽吧。将军，别人喷到我脸上的烟雾，要比喷在任何一个美国人脸上的烟雾都多。"

由此可见，当令人难堪的事实已经发生，运用自嘲，能使你的自尊心通过自我排解的方式受到保护，并且，还能体现出你的大度胸怀。

2. 解决难题

广东一家蔬菜公司的副科长到郊区调运鲜菜，卖方想趁机捞一把，索价很高，双方僵持不下。眼看城里市场蔬菜供应严重不足，快要脱销，心急如火的科长却摆出一副泰然自若的样子，充分使用公关艺术中的幽默法来自嘲："其实，你们把我看高了。我不过是个小科长，还是副的，我手里能有多大的决定权？再说，夏天这么热，我花大价钱买一堆烂菜帮子回去，能担当得起亏损的责任吗？"卖主们听了他的这番话，望望酷暑的太阳，知道蔬菜多积压一天将腐烂不少，不禁警醒，于是动摇了索要高价的决心，并且，卖主对科长的"苦衷"与"难处"还产生某种同情心，不得不妥协。最后终于降低了菜价，达成了协议，该科长则顺利完成了蔬菜调运任务。

3. 融洽气氛

钢琴家波奇是一位幽默家。有一天他到美国密歇根州福林特市演奏，开场前发现上座率很低，不到五成。他虽然很失望，但并没有因此影响自己的情绪。为使场内观众不感到空寂，他便走向舞台的脚灯，笑着对观众说："福林特这个城市的人们一定很有钱，因为我看到你们每个人都买了两三个座位的票。"立刻，空荡的剧场被笑声充满了，为他的演奏做了情绪铺垫。

4. 增添情趣

美国文学家欧文年轻时常向人们吹嘘自己是位好猎手，沾沾自喜地谈论自己高明的枪法。一天，他同朋友去打猎，朋友指着河里一只野鸭请他开枪。欧文瞄了一下扣动扳机，但没有打中，野鸭飞走了。朋友感到难为情，他却毫不介意，对朋友说："真怪！我还是第一次看到死鸭子能飞。"这是一句自嘲的话。正是这句话，欧文才为自己解脱了窘境。多么巧妙，多么有趣。

5. 增加人情味

笑自己的长相，或笑自己做得不很漂亮的事情，会使我们变得较有人情味，并给人一种和蔼可亲的感觉。

一次，陈毅到亲戚家过中秋节，进门发现一本好书，便专心读起来，边读边用毛笔批点，主人几次催他去吃饭，见他不去，就把糍粑和糖端来。他边读边吃，竟把糍粑伸到砚台里蘸上墨汁直往嘴里送。亲戚们见了捧腹大笑。他却说："吃点墨水没关系，我正觉得自己肚子里墨水太少哩！"人们尊敬陈毅，或许和他的这种豁达、幽默的秉性有关系吧！

自嘲是不可多得的灵丹妙药，别的招不灵时，不妨拿自己来开涮，至少自己解嘲自己是安全的，一般都不会讨人嫌。

幽默一直被人们称为只有聪明人才能驾驭的语言艺术，而自嘲又被称为幽默的最高境界。由此可见，能自嘲的人必须是智者中的智者、高手中的高手。

自嘲是缺乏自信者不敢使用的技术，因为它要你自己骂自己，也就是要拿自身的失误、不足甚至生理缺陷来"开涮"，对丑处、羞处不予遮掩、躲避，反而把它放大、夸张、剖析，然后巧妙地引申发挥，自圆其说，博得一笑。没有豁达、乐观、超脱、调侃的心态和胸怀，是无法做到这一点的。

可想而知，自以为是、斤斤计较、尖酸刻薄的人难以说好自嘲的话。自嘲谁也不伤害，最为安全。你可用它来活跃谈话气氛，消除紧张；在尴尬中自找台阶，保住面子；在公共场合获得人情味；在特别情形下含沙射影，刺一刺无理取闹的小人。

38.
将幽默隐藏在含蓄中

含蓄表达是表现幽默技巧的另一种令人拍案叫绝的艺术方式。

当在某些社交场合中不便直接表达意见时，我们不妨采取间接含蓄的表达方式。像下面这则对话：

作者："老师，我这篇小说写得如何？"

编辑："很好，完全可以发表。不过，有个地方得略微改动一下。"

作者："这是真的？请你指正！"

编辑："只要将你的大名换成巴尔扎克就行了。"

在这里，如果编辑直说"你这篇小说是抄自巴尔扎克的"，虽说简洁明了，但会使对方无法下台，也显得缺乏艺术性。而含蓄幽默地说修改一下大名，既简练地表明了自己的意见，又不致让对方下不来台。

运用这种技巧的关键是要真假并用，曲折、间接、含蓄，且带有很大的假定性。总之，把你的意见稍作歪曲，使之变得耐人寻味，通过歪曲的语言形式来使对方领悟你真正的意思。

一天，有个调皮的小男孩来到村口的理发店，要求理发师为他刮胡子。

理发师请他在椅子上坐下来，并在他脸上涂了肥皂水，便去跟别人闲聊去了。

那个小男孩等得不耐烦了，叫了起来："理发师，你什么时候才替我刮胡子？"

"我在等你的胡子长出来呢！"理发师一本正经地说。

上面这个故事中，理发师没有直接严厉责备小男孩的胡闹，也没有把他拒之门外，而是运用含而不露的幽默技巧和小男孩开了一个玩笑，使小男孩在幽默轻松的交流中认识到了自己的错误。

含蓄的幽默大都避免使用激烈的言辞，它讲究寓深远于平淡，藏锋芒于微笑。因此在生活中，如果带上一些幽默的色彩，指责也可以表达得很善意。

在萧伯纳访问苏联期间。一天早晨，他照例外出散步，一位极可爱的小姑娘迎面而来。萧伯纳叟颜童心，竟同她玩了许久。临别时，他把头一扬，对小姑娘说："别忘了回去告诉你的妈妈，就说今天同你玩的可是世界上有名的萧伯纳！"萧伯纳暗想：当小姑娘知道自己偶然间竟会遇到一位世界大文豪时，一定会惊喜万分。

"您就是萧伯纳伯伯？"

"怎么，难道我不像吗？"

"可是，您怎么会自己说自己了不起呢？请您回去后也告诉您的妈妈，就说今天同您玩的是一位苏联小姑娘！"

上面故事中，苏联小姑娘不但"一语惊人"，"惊"的还是一个伟大的人物。她聪明幽默地展示了人人平等、自信等值得赞扬的信念，从而含蓄地教育了有些骄傲的萧伯纳。

就像上面故事中的萧伯纳一样，一些作出了伟大贡献的人往往有自大的毛病，他们说话、做事也往往以自己为中心，甚至把自己看成别人的骄傲。作为他们身边的人，你有责任委婉地提醒他们不要过于狂妄自大，这不但能够保护自己免受他们的伤害，而且对他们自己也是很有好处的。

有一次，拿破仑对他的秘书说："布里昂，你也将永垂不朽了。"布里昂迷惑不解。拿破仑提示道："你不是我的秘书吗?"布里昂明白了他的意思，微微一笑，从容不迫地反问道："那么请问，亚历山大的秘书是谁?"

拿破仑答不上来，便高声喝彩："问得好!"

上面这个幽默例子，应该属于机辩的类型。机辩在某种程度上讲有一定反击性。当对方出言不逊足以伤害你的自尊心的时候，及时地、机智幽默地加以反击，也就能一语惊醒他。

在某些特殊情况下，含蓄的幽默也有鞭辟入里、一针见血的穿透力。虽然这种幽默并不是痛快淋漓地破口大骂，但仍然具有含蓄深刻、一语中的的特点。

马克·吐温去拜访法国名人波盖，后者取笑美国历史很短："美国人无事的时候，往往爱想念他的祖宗，可是一想到他的祖父那一代，便不得不停止了。"

马克·吐温便以充满诙谐的语气回答说："当法国人无事的时候，总是尽力想找出究竟谁是他的父亲。"

马克·吐温是出了名的幽默大师，他骂人从不动粗或是直接还击，而是委婉含蓄、含沙射影地贬斥对方。我们一般人之所以缺乏幽默感，就是因为太习惯于直截了当、简洁明了的表达方式。而幽默与直截了当是水火不相容的，所以要想养成幽默感，就要学会迂回曲折的、含蓄的表达方式。例如本节开篇事例中的编辑，明明看出抄袭也不说出来，而是把它当成写得很棒。待作者以为蒙混过去了，编辑才从某个侧面毫不含糊地点出来，让他自己心里明白。

有一次会议上，张教授遇见了一位文艺评论家。互通姓名之后，张教授连忙说道："久仰久仰，早知道您对天上的星宿颇有研究，是位知名的天文学家。"

评论家听后，先是一愣，继而哈哈大笑："张教授，您可真会开玩笑。我是搞文艺评论的，不研究什么天文现象，您弄错了。"

张教授正言答道："我怎么会跟您开玩笑。在您发表的文章里，我经常看到您不断发现了什么'著名歌星'、'舞台新星'、'文坛明星'、'影坛巨星'等众多的星宿，想来您一定是个非凡的天文学家。"

这里，张教授用"天文学家"的新奇解释，给了这个胡吹乱捧、不负责任的文学评论家以巧妙的揶揄。

有一个爱占小便宜的人，常在别人家白吃白喝，吃了上顿等下顿，住了两天又两天。一次，他在一个朋友家白吃白住了3天后，问主人："今天做什么好吃的呀？"

主人想了想，说："今天弄麻雀肉吃吧！"

"哪来的那么多麻雀肉呢？"

主人说："先撒些稻谷在晒场上，趁麻雀来吃时，就用牛拉上石碌一碌，不就得了吗？"

这个爱占便宜的人连连摇手说："这个办法不行，还不等石碌碌过去，麻雀早就飞跑了。"

主人一语双关地说："麻雀占便宜占惯了，只要有了好吃的，是怎么碌（撵）也碌（撵）不走的。"

主人的曲折暗示，不知这位爱占便宜的人领会了没有？相信稍明事理的人，听了主人这样巧妙而又直白的暗示，都会自觉羞愧而有所表示。因此，如果想要表达一种愿望，但这种愿望又有难言之处时，不妨曲折暗示，将幽默隐藏在含蓄中。

另外，含蓄地表达幽默时，要把重要的、该说的故意隐藏起来，却又要能让人家明白自己的意思，而且把幽默寓于其中。这种幽默技巧确有一定难度，它要求说话者具备较高的说话水平和高超的幽默感，它体现着说话者驾驭语言的能力和含蓄表达幽默的技巧，同时也依赖于听众的想象力和理解力。因为如果说话者不相信听众丰富的想象力，生怕观众听不明白而又把所有的意思和盘托出，这样不但起不到幽默的作用，反而令幽默平淡无味，言语逊色，使人厌倦。

39.
学会用幽默拒绝他人

拒绝是一门学问和艺术，能体现出个人的品德、性情和修养。一个懂得幽默地拒绝别人的人，能够使人在你的拒绝中一样感觉到你的善意、真挚和坦诚，同时也能愉快地接受你的拒绝。用幽默的话语拒绝对方的不合理要求，既能显示出自己的睿智、大度，又能免得让对方尴尬。

罗斯福任美国海军部部长的时候。一天，一位老朋友向他打听海军在加勒比海的一个小岛上建立潜艇基地的计划。罗斯福想了想，然后向四周看了看，压低声音问他的朋友："你能保密吗？"对方信誓旦旦地回答："能，我一定能。""那么，"罗斯福微笑着说，"我也能！"听到这里，两个人不约而同地大笑起来。

罗斯福不好正面回绝老朋友，就绕过问题，不露痕迹地表达了拒绝的理由，最终幽默地"化解"了对方的要求。罗斯福高超的语言艺术，使他既在朋友面前坚持了不能泄露秘密的原则立场，又没有使朋友陷入难堪境地，因而取得了极好的语言交际效果。

我国也有很多名人，他们都是高修养、真性情的雅士。他们一些巧妙地拒绝他人的趣事逸闻体现着他们的智慧和性情，值得我们学习。

抗日战争时期，北平伪警司令、大特务头子宣铁吾过生日，硬要邀请国画大师齐白石赴宴作画。

齐白石来到宴会上，环顾了一下满堂宾客，略微思索，便铺纸挥洒。转眼之间，一只水墨螃蟹跃然纸上。众人赞不绝口，宣铁吾喜形于色。

不料，齐白石笔锋轻轻一挥，在画上题了一行字——"横行到几时"，后书"铁吾将军"，然后仰头拂袖而去。

有一个汉奸求画，齐白石画了一个涂着白鼻子、头戴乌纱帽的不倒翁，还题了一首诗：乌纱白扇俨然官，不倒原来泥半团。

1937 年，日本侵略军占领了北平。齐白石为了不受敌人利用，坚持闭门不出，并在门口贴出告示，上书："中外官长要买白石之画者，用代表人可矣，不必亲驾到门。从来官不入民家，官入民家，主人不利，谨此告知，恕不接见。"

齐白石还嫌不够，又画了一幅画来表明自己的心迹。画面很特殊，一般人画翠鸟时，都让它站在石头或荷茎上，窥伺着水面上的鱼儿。齐白石却一反常态，不去画水面上的鱼，而画深水中的虾，并在画上题字："从来画翠鸟者必画鱼，余独画虾，虾不浮，翠鸟奈何？"

齐白石闭门谢客，自喻为虾，并把做官的汉奸与日本人比做翠鸟，幽默泼辣，意义深藏，发人深省。

鲁迅也是幽默拒绝别人的高手，有这样一则故事。

当年，广州的一些进步青年创办"南中国"文学社，希望鲁迅给他们的创刊号撰稿。鲁迅并不想写，于是就说："文章还是你们自己先写好，我以后再写，免得有人说鲁迅来到广州就找青年来为自己捧场了。"

青年们说："我们都是穷学生，如果刊物第一期销路不好，就不一定有力量出第二期了。"

鲁迅风趣而又严肃地说："要刊物销路好也很容易，你们可以写文章骂我，骂我的刊物也会销路好的。"

通过将话题引向细枝末节而回避主要问题，这样的回绝确实是很高明的。嘲笑自己的同时也嘲笑了别人，同时又不显山不露水地达到了拒绝别人的目的，鲁迅先生不愧为文坛大家，一句幽默就能收到一石二鸟之效果。除鲁迅外，钱钟书也是善于运用幽默的高手。

钱钟书在英国时，有一次，一位英国女士看了他的著作，对他非常崇敬，恳求要亲眼见见他。钱先生执意不肯，在电话中说："谢谢女士，假如您吃了一个鸡蛋觉得不错，何必要认识那个下蛋的母鸡呢？"

这明显是拒绝的意思，可是对方被拒绝，不但没有生气，反而觉得钱钟书先生幽默、谦逊的谈吐适度而得体。

用幽默的方式拒绝别人，在达到拒绝目的的同时，还能让对方愉快地接受。

意大利音乐家罗西尼生于1792年2月29日。因为每4年才会有一个闰年，所以等他过第18个生日时，他已经72岁了。在他过生日的前一天，一些朋友告诉他，他们筹集了两万法郎，准备为他立一座纪念碑。罗西尼听完后说："浪费钱财！给我这笔钱，让我自己站在那里好了！"

罗西尼本不同意朋友们的做法，但又不好直接拒绝，于是幽默地提出了一个不切实际的想法，既含蓄地拒绝了朋友们的要求，又不会伤害朋友的好意。

一位顾客大发脾气，向侍者质问："这一只龙虾为什么只有一只钳子？"

"啊，这正好证明我们的龙虾够新鲜嘛，"侍者得意地说："这是它们在厨房里打架的结果！"

"好吧，"顾客的语调缓和很多，"那你给我换一只打胜的龙虾来吧！"

所以说，当遇到别人给你出难题时，不必哇哇大叫，镇静一下，巧妙打出幽默拳，就能找到解决的好方法。

在社交中，相互帮助是人与人之间维系感情的纽带，因此难免会遇到别人向你开口求助或借钱的状况，但是当你爱莫能助或者并不想帮助信用度较低的人时，回绝就是很难的事。但是办事要讲求原则，尤其是涉及金钱问题的时候，不能为保持一团和气而丧失立场、吃哑巴亏。不论什么样的关系，该拒绝的一定要拒绝，但这时候一定要讲究说话方式的灵活性。假如能幽默地回绝，尴尬场面就会在友好的气氛中缓和下来。

汤姆很友善地向汉斯打招呼。

"你怎么了呢？好像很没精神呀！"

"是呀，最近为了还债到处筹钱，搞得身心疲惫，晚上烦恼得睡不着觉！你能不能帮忙我？"

"当然好啊！我家有特效安眠药，明天我就带来给你。"

芬兰某建筑师说话很慢，当记者采访他时，一直担心时间不够。万般无奈只好说："建筑师先生，时间不多了，能否请您说快点儿？"

建筑师先生一听，慢慢掏出烟斗，点上，能多慢就多慢，懒懒地说："不行，先生。不过，我可以少说点儿。"

这样的话语看似没有拒绝，但其实是以另一种方式在表达相同的意思，但是显得幽默备至，不仅不使对方感到尴尬，而且还活跃了现场气氛。

一位演技出众、姿色迷人但学历不高的演员，非常崇拜萧伯纳的才华。由于出身高贵、长相迷人，再加上父母的宠爱，使她多少有一些高傲，认为自己足以配得上萧伯纳。在一次宴会上，她和萧伯纳相遇了，她充满自信，以最动听的声音对萧伯纳说："以我的美貌，加上你的才华，生下一个孩子，一定是人类最优秀的了！"

大文豪萧伯纳听后，微微一笑彬彬有礼地说："您说得对极了。但是如果这个孩子继承了我的貌和你的才，那将是怎样的呢？"

萧伯纳的拒绝之意在幽默的言语中充分体现出来了，这位女演员先愣了一下，然后明白了萧伯纳的言外之意，她失望地离开了，不过，她并没有因此而嫉恨萧伯纳，反而觉得他非常绅士，是个可以结交成好朋友的人。从此，她成了萧伯纳的忠实读者，二人也成了无话不谈的好朋友。

以幽默方式拒绝别人的好处很多，不但可以为他人留有面子，还能使别人产生被尊重的感觉。这样一来，双方不但不会因拒绝而伤和气，反而会拉近距离，加深友谊。总之，幽默是人与人之间能够成功交往的法宝。运用幽默的力量，我们就能通过成功的社交，走上成功的道路。

40.

与他人共处幽默之境

欣赏他人，与他人同笑，把自己置于众人之中，是加强与他人沟通的重要途径。无论是身居高位还是专家名人，都不能无视这一点，否则会将自己孤立起来。马克·吐温说得好：让我们努力生活，多给别人一点欢乐。这样，我们死的时候，连殡仪馆的人都会感到惋惜。

无疑，风趣幽默是深受社会欢迎的言谈方法。口才绝佳、锦心绣口的人总能得到社会各阶层的青睐和厚待，因为他以自己出色的温馨表达取得了社会的依赖和怜惜。他慷慨给社会以笑，社会就会毫不吝啬回报他爱和关照。

19 世纪德国著名画家阿道夫·门采尔的家总是门庭若市，不断有人来求画或讨教。一次有个画家向门采尔诉苦：我真是弄不清楚，我画一幅画往往只要一天工夫，可是卖掉它却要等上整整一年。为什么？门采尔回答说：请倒过来试试吧，要是你花一年工夫去画它，那可能不到一天就能卖掉了。

现代公关学很强调人际交往的空间区域，认为相距太近，容易增加对方的心理压力，太远又疏于诚恳。只有根据对象的亲疏等条件取恰当的区域形式才能获得最佳心理感觉。幽默的社交与公益活动也是这样，只不过这里不是空间区域，而是语言区域罢了。

幽默言谈在社会交往中独具魅力，它能使你妥当地处理与其他社会成员的关系，艺术地表达你的意志、愿望和态度，而不至于侵犯他人的语言区域。幽默可以作为不得罪人的火力侦察。当你准备向某人提出一项要求，但摸不准对方态度时，可以先以调侃的语气试探，这即是在勘测合适的语言区域。对方拒绝了，因为是玩笑所以不会陷于尴尬；应允了，则可深入下去。

幽默还可以作为通幽的曲径，婉转表达你的梦想、期望和渴求，在被尊重的语言区域内尽诉你对社会和生活的挚情。著名意大利女记者奥里亚娜·法拉奇在她成功地采访了一系列世界风云人物的过程中，留下了许多动人的记录和插曲。下面是她与著名政治家亨利·基辛格的一段对话：

法：基辛格博士，如果我把手枪对准您的太阳穴，命令您在阮文绍和黎德寿之间选择一人共进晚餐……那您选择谁？

基：我不能回答这个问题。

法：如果我替您回答，我想您会更乐意与黎德寿共进晚餐，是吗？

基：不能……我不愿意回答这个问题。

法拉奇可谓咄咄逼人，这种逼不在于死死纠缠，而在于幽默地进犯。问题全是严肃之极的，但方式却是玩笑似的。于是，对手最终敌她不过缴了械。

在社会生活中，类似的出奇制胜的例子还有很多，它们全都在意思、情感的接轨点上灵机启动，在笑语中达到说服人、征服人、感染人的目的。有时候一纸幽默告示可以产生异乎寻常的效果。

例如某小吃店门口写着："一碗牛肉面，力拔山河气盖世"，顾客们看到这样的告示，会对这家小吃店产生好感，吃起来也会觉得格外有味。

这是因为人们能感受到幽默，进而激起了自己身上的幽默感。通过给予和回报，双方在心里产生了无声的和谐。其沟通的线路是从你移动向我，再从我移动向你。这样，谁付出的越多，得到的也就越多。

与人同笑，是与人沟通的一个重要途径。也许你是个身居要位的官员，所以你不愿同看门老人一同笑。也许你是个博学之士，因而不欣赏智力平平的普通人。这实际上是切断了你同这个世界的联系面，你的官职、学位对人性的需要毫无用处。

丘吉尔有一次应邀到广播电台去发表重要演说。他招来一部计程车，对司机说："送我到 BBC 广播电台。""抱歉，我没空，"司机说，"我正要赶回家收听丘吉尔的演说。"

丘吉尔听了很高兴，马上掏出一英镑钞票给司机。司机也很高兴，叫道："上来吧！去他的丘吉尔！"

丘吉尔大笑起来，说："对，去他的丘吉尔！"

由于丘吉尔对人性的了解，就没有因为一个英镑的后果而生气。他能站在对方的位置上来欣赏对方的观点，这时他已完成了自我的消失，成为一个努力使别人愉快的人。

通常，这种人在工作上会十分顺利。他对别人的欣赏，会使那人了解他并和他有共同的志趣，共同的目标。

有一位拳击手，在一次拳击比赛中以幽默而闻名拳坛。他在同对手较量到第二回合时，头部挨了一拳，倒在地上。对手在他身边跳来跳去，准备在他爬起来后给他以更致命的一拳。可是这位拳击手刚爬起来，便笑嘻嘻地朝对手说："我把你吓坏了吧？"对手不解地眨巴眼睛。"你一定吓坏了，"他说，"你害怕会把我打死。"那位对手松开咬紧的牙关笑了，比赛继续进行。

尽管在台上他们仍然是对手，但是比赛结束后，人们亲眼看见他们互相搀扶着走进一家酒吧间，成了一对知心朋友。从那以后，他们俩尽量避免同台交锋，他们联合起来研究战术，打败了一个在当时气焰十分嚣张的拳王。

幽默是心灵沟通的艺术，幽默所在便是欢乐所在，幽默所在便是融洽所在，幽默所在便是心与心的交点所在。

人是一种矛盾的动物，一方面不堪忍受孤独寂寞，要与他人交流沟通，具有群居性；另一方面对陌生人又总有一种戒备心和恐惧感。所以，大多数人碰到陌生人的第一个反应便是关起心扉，锁起自我，然后去了解和探察别人。

但是，如果你能表现出爽朗、幽默的谈吐风度，令对方的戒备之心逐渐缓解，对方的心扉便会慢慢开启。也就是说，幽默能在最短的时间内拉近人与人之间的心理距离。

凭借幽默的力量，快速打破彼此互不信任的外壳，融化人际交往中的坚冰，通过幽默使人们感受到你的坦白、诚恳与善意，这才是人际交往中的真正高手。

41.

用幽默让你与众不同

美国幽默杂志《趣味世界》的编辑雷格威说过："原始人见面握手，是表示他们手上不带武器。现代人见面握手，是表示我欢迎你，并尊重你。以幽默来打招呼，则是有力地表示我喜欢你，我们之间有着可以共享的乐趣。他还说：幽默是比握手更文明的一大进步。"

有位心理学家说过："如果你能使一个人对你有好感，那也就可能使你周围的每一个人，甚至是全世界的人，都对你有好感。只要你不是到处与人握手，而是以你的友善、机智、风趣去传播你的信息，时空距离就会消失。"

林肯总统在会见某国总统时，还没有握手就说："原来我的个子还没有你高，怎么样，当总统滋味如何？"那位总统有点拘束，说："你说呢？""不错，像吃了火药一样，总想放炮。"这段对话使两位总统间的猜疑、戒备之心立刻消失了。

再例如离婚。一个男人对一个刚刚相遇的朋友说："我结婚了。""那我得祝贺你。"朋友说。"可是又离婚了。""那我更要祝贺你了。"

许多作家经常从家人、同事、亲朋好友那儿获得幽默的题材，注意倾听他们所说的趣事，随时增加自己的幽默资源，同时也留心公众场合，倾听不认识的人的谈话。

在一次竞选总统的演说活动中，一位演说家说："先生们！下面我来念一封写给总统大人的信。"他滔滔不绝地念起来，通篇是关于总统伟大功绩的恭维话。但是末了，他念道："总统大人，请原谅我用蜡笔写这封信，因为我们这儿的政府不准我用任何尖锐的东西。"

注意生活周围所发生的幽默事情，这能使人受益无穷。如果你发现自己正在为什么事而哈哈大笑或轻声浅笑，那就有必要把这些听到的幽默实例变成自己资源的一部分。同时也要广泛阅读书报杂志，尽可能涉及各种各样的书籍，例如传记中就经常可以读到伟人的逸闻趣事。

一家瓷砖和地板商店在其门口贴了一则橱窗广告，上面写着："欢迎顾客踩在我们身上！"在一家花店门口也贴着类似的广告："先生！送几朵鲜花给你所爱的女人吧，但也不要忘了自己的夫人！"一位婚姻纠纷调解人的办公室门上写道："一小时后再来。不要吵架！"这些广告和标语极其幽默，并富有创造性，它给我们带来很大的益处。经常收集这些趣味、俏皮的小东西，既能发人深省，也能增进大家的幽默感。

英国名作家萨克雷说过："一个有幽默感的文人肯定性格仁慈，十分敏感，容易产生痛苦和欢乐，能敏锐地觉察周围人们的各种情绪，同情他们的欢乐、爱恋、乐趣和悲哀。一个人每天都会与人多次交谈，不管是同事之间的寒暄，还是朋友之间的闲谈，抑或是家庭成员间的趣话。"

因此，充实交谈内容，增加交谈趣味，提高交谈质量是十分重要的。健康、高质量的幽默可以带给人以欢乐和深思，是提高交谈质量，融洽人际关系的重要手段，正确的交谈幽默便成为人际关系的黏合剂。

鲁迅是深刻幽默的大家，有一次他与兄弟在一起谈话，侄辈看到他们老哥俩面相的差异，好奇地问道：伯伯的鼻子怎么是扁的？鲁迅不假思索地答道："是呀，我经常碰壁，时间久了，鼻子碰扁了。"逗得兄弟哈哈大笑。鲁迅自己也笑，不过是苦笑。而孩子们当然听不懂这个幽默的深刻含义，以为真的是墙壁碰扁了鼻子，所以也笑。

三种不同的笑却使全家气氛更加活跃，亲情随之加深。一个小小的幽默起到许多话语不能达到的作用。概括起来，交谈中的幽默有如下作用。

1. 松弛气氛

幽默可以使交谈的紧张、尴尬的气氛得以解除或缓解，起到使紧张得以松弛的作用。一个学生与同学打架，被老师叫到办公室。无疑，他是紧张的，不知老师如何处理他，但一进办公室门，老师指着满身泥土的他说："瞧，成了土地老爷了！"这一句幽默，顿时令学生紧张的情绪轻松下来，于是老师的批评、教育，他都能句句入耳了。

2. 取得主动

在差异交谈的祈求、临下交谈中，或对等交谈中的谈判、辩论中，为取得主动，或击败对方，运用幽默可起到一定作用。

《庄子》中记载了庄子与惠子的一段心理战：身为赵国宰相的惠施听说比自己本事大的庄子已来赵国，唯恐自己的宰相高位被取而代之，便派人到处搜索。庄子得知后，大笑道："我是非活鼠不吃的，如今赵国只不过是一只腐鼠，我庄子怎么看得上呢？"惠施知道后，羞愧不已。

齐国的晏子去楚国计议大事，楚王事先安排人故意押上一个囚犯，说是齐国人，并讥讽晏子："贵国多盗贼吗？"晏子说："橘生长于淮南为橘，生长于淮北为枳。此人虽为齐国人，但生活在盗贼四起的楚国，难免为盗了。"这种变被动为主动的幽默反而羞辱了楚王。

《伊索寓言》里伊索的主人喝酒后与别人打赌吹牛，说能把大海喝干，否则全部家产输给对方。清醒后他垂头丧气地向奴隶伊索求救。聪明的伊索当然有办法让他转败为胜，但他向主人提出一个条件：给予自由。主人搪塞，拖延回答。伊索就抓住他打赌输尽家产这个最使主人担心的事，对他说：去，去把大海喝干！

这种反暗示的幽默，果然使伊索占了主动地位。主人答应了，伊索才告诉他对付对手的办法：谁能把海水与河水分开，我就把海水喝干！当然，事成后，狡猾的主人又反口了。

电影《第一滴血》中兰博的上级———一位上校——明知警察局根本抓不到兰博，因此再三与局长交谈，劝阻他的一意孤行。警察局局长却有恃无恐，决定发动对兰博的进攻，此时，上校来了句幽默："不要忘了带一样东西。"局长急问："什么东西？"上校说："足够的棺材！"这就给警察局局长的傲气以沉重的打击。尽管这位局长口吐狂言，但在心理上，那座坚不可摧的优越感的底座被这句话击溃了，一层阴影始终笼罩在他的心头，这就是上校这句幽默炸弹的作用。

3. 沟通感情

幽默在交谈中融洽人际关系、吸引交谈对象、沟通人际感情的作用是显而易见的。人们喜欢与幽默的人交往，交往的重要形式当然是交谈，通过幽默的交谈沟通双方感情。以幽默来坦诚待人，你会让人看到原原本本的你。这一点很重要！当我们坦诚开放地对别人表露自己时，就足以影响别人。让我们了解他人的动机、梦想和目标，于是我们与他人之间所共有的自我了解，会缩短相互之间的距离。有的时候，我们要与陌生人进行沟通。怎样能在最短的时间内，使对方解除戒备之心，与你坦诚相处呢？这时我们要利用幽默的技巧来缩短人与人的距离。

从前，有一个云游天下的僧人，很有智慧。一次，他来到一个地方，听说前方有一户人家，从来不许人借宿，但他决定一定要去借宿一夜。天黑下来以后，这个游僧就走进了这户人家。这时，这户人家的主人故意装成一个聋子。在互相致意之后，主人急忙给他烧了茶，招待他吃了饭，然后打着手势，意思是说："喇嘛，吃了饭早点动身吧，我们家是不能过夜的。"

游僧佯装不懂，只是瞪大眼睛看。主人用手指指门，意思请他出去。

"好，好。"游僧点头示意。一边说着，一边大步走到门外，把包裹拖了进来，放在西北角的柜子前。

主人又作了一个背上包裹快走的手势，游僧立即跳了起来，举起包裹放在柜子上面，嘴上说："这倒也是，里面可全是经书啊！"

主人又反复比画，要他走，他却点点头，说："没有小孩好，不会乱拿东西。嗯，我把两根木棍插在围包裹的粗绳上了。"主人说东，他就说西，弄得主人哭笑不得，最后没法，只得留他过了一夜。

总之，在人际交往中，幽默是具有巨大的作用，可弥补人际间的思想鸿沟，联结人与人之间的感情世界，使人生更加和谐美好。

42.
幽默口才让交易更顺利

商场并非就是没有硝烟的战场，和气生财，是前人的古训。商场之中，假若你用心增添些幽默元素，就会使生意红红火火。即使在寸利必争的谈判中，也别忘了使用幽默的语言。

精明的商界人士都懂得，活塞和汽缸都是钢铁所制，需要润滑油才能让两个零件运转顺畅，不会产生太多摩擦，以磨损汽缸。而幽默就是一种润滑油，可以避免商务活动产生太多的摩擦。

在商业谈判中采用幽默方式，能够缓和紧张形势，制造友好和谐的气氛，从而缩短双方的距离，淡化对立情绪。

每个商人在商业活动中都不可避免地会与别人接触。个人的、团体的，或为企业，或为金钱，或为地位，或为荣誉，这样你就自觉或不自觉地成为谈判的参与者。在许多人心目中，谈判是很庄重严肃的。其实，谈判中采用幽默姿态可以缓和紧张的形势，促成友好和谐的气氛，也就缩短了双方的心理距离，钝化了对立感。

因此，幽默能使你在谈判中左右逢源。谈判时具有幽默心理能使你情绪良好、充满自信、思路清晰、判断准确。

谈判中要使自己进退自如，没有幽默感是难以如愿的。运用幽默技巧同样可以消除与顾客之间的紧张感，使整个交际过程轻松愉快，充满人情味，使产品顺利推广。

在一家豪华商店，一位男顾客指着一个瓶子问女售货员："小姐，这种清凉饮料好喝吗？""当然好喝。不信，您只要尝上一杯就会上瘾。"顾客沉思了一下，说："好吧，那我就不买了，省得以后麻烦！"

通过以上例子，我们可以看出，真正的幽默是从内心涌出的，它更甚于从头脑中涌出的。在商业活动中，幽默的作用很大，如果使用得当，会给你带来很大的利益，但如果使用不当，会适得其反。

让谈判气氛带有幽默味道。适度的幽默对建立良好的气氛有两大好处：让谈判双方精神放松，进一步密切双边关系。这样就可以营造一个友好、轻松、诚挚、认真的合作氛围，对谈判双方来说，都是具有实质性意义的。

英国首相丘吉尔与法国总统戴高乐曾由于对叙利亚问题的意见产生过分歧，两人心存芥蒂。直接原因是戴高乐宣布逮捕布瓦松总督，而此人正是丘吉尔颇为看重的人物，要解决这一件令双方都颇为棘手的事，只有依靠卓有成效的会晤了。丘吉尔的法语讲得不是很好，但是戴高乐的英语却讲得很漂亮。这一点，是当时戴高乐的随员们以及丘吉尔的大使达夫·库柏早就知道的。

这一天，丘吉尔是这样开场的，他先用法语说道：女士们先去逛市场，戴高乐，其他的先生跟我去花园聊天。然后他用足以让人听清的声音对达夫·库柏说了几句英语：我用法语对付得不错吧，是不是？既然戴高乐将军英语说得那么好，他完全可以理解我的法语的。语音未落，戴高乐及众人都哄堂大笑。丘吉尔的这番幽默消除了谈判双方参与人员的紧张情绪，营造了良好的会谈气氛，使谈判在和谐信任中进行下去。

在谈判开始后，礼貌问候对方，轻松地引入谈判的话题，讲究策略，有理有节，求同存异，必要时运用一些幽默诙谐的语言，调节一下紧张沉闷的空气，放松一下绷得太紧的心弦，营造出轻松愉快的气氛。

商业活动中，谈判双方刚进入谈判场所时难免会感到拘谨，尤其是新手。在重要谈判中，心理上往往会忐忑不安。而谈判又是一件十分严肃的事，双方站在各自的立场，为争取各自的利益努力。但如果你固执地认为，谈判就不可能在轻松愉快的氛围中进行，必须唇枪舌剑地进行，那你就走进了一个谈判的误区。

如果你总是一副严肃的面孔，以极其认真的态度上来就言归正传，没有一点活泼的气氛，那么谈判场所就会死气沉沉、闷不可言，总给人一种压抑的感觉，从而造成暂停、僵局的次数增多，于是就会出现达成协议的日期一推再推的情况。

所以你应该主动去营造良好的谈判气氛，热情地去接触对方，发掘双方的共同点，为谈判打下良好的基础。可以就双方的兴趣爱好、双方曾有过的合作经历或共同认识的朋友进行交谈，引起双方心灵共振的变化。

幽默能将针尖对麦芒的商业谈判气氛冲淡，把人们对金钱贪婪、独占的欲望平缓，让人觉得何苦斤斤计较，何不退一步海阔天空。

如果一个商人没有一点幽默感，谈起话来如同嚼蜡，那么，他和他的客户都会感觉十分别扭，有时会由于双方都看着自己眼前的小利益互不让步，而使谈判或交易陷入尴尬的境地。

谈判要争取掌握主动权，要做到制人而不制于人。在谈判中，主动权总是操纵在实力最强的一方手里，对于稳操胜券的主动方来说，一步主动则步步主动。所以我们认为，不仅同其他人合作要占主动，竞争中要占主动，就是在谈判中同样要占主动。

在谈判中占据主动的方法很多，利用幽默的技巧对对方进行步步引导，可兵不血刃地在谈判中占据主动地位。

要想最快地达到谈判的目的，就需要作多方面的准备，比较好的方法是根据实际情况，提出多样选择方案，从中确定一个最佳方案，作为达成协议的标准。有了多种应付方案，就会使你有很多的余地。这时候，你改变谈判结果的可能性就更大了。因为你充分了解和掌握了谈判的主动权，也就掌握了维护自己利益的方法，就会迫使对方在你所希望的基础上谈判。

幽默则能减少人们之间的紧张对立。因为代表各自的利益，恐怕很难轻易地让步，谈判期间必有一番唇枪舌剑的苦斗，有时甚至到了剑拔弩张的地步。这时，如果某一方代表说句幽默的话，或讲个小笑话，大家一笑，紧张的气氛就可能化解，双方可以继续谈下去。

其实，转移话题存在相当大的难度，需要对语言驾轻就熟的技巧。话题转移得不好，有时虽然能暂时缓和一下紧张的气氛，但对于大局并没有什么益处。

转移的话题必须视具体情况和对象，因地制宜，就近转移，不能不着边际，随心所欲，风马牛不相及。转移的话题主旨也不能变，虽然不涉及正题，但必须与正题有关，不管绕多少圈子，牛鼻子始终不能放，做到形散神不散。

从实际效果上看，富于幽默感的人一定充满活力，他会有多方面的兴趣爱好、广泛的交往、充沛的精力和开阔的胸怀。不论你从事什么行业，也不论你是董事长、经理或是普通商人，幽默都能助你一臂之力，拥有了幽默，你也就拥有了一架所向无敌的事业推进器。运用谈判的幽默力量就是在谈判中采用幽默姿态，可以从而缩短双方的距离，淡化对立情绪，加快合作关系的达成。

为营销酿造一个好气氛

　　对于商界人士来说，语言是与客户沟通的媒介，一切营销活动都首先通过语言建立起最初的联系，从而促使营销活动不断进展，最终达到营销目的。因此，语言交流是营销活动的开始，这个头开得好与否，直接关系到营销的成败。通常，话说得恰到好处，很容易拉近与客户的距离，提高生意的成交概率。

　　有一天一位营销人员到某商场推销产品，接待他的是商场副经理。副经理一开口，这位营销人员马上说："听口音您是北京人。"对方点了点头，反问道："您也是北京人吗?"这位营销人员笑着回答："不，但我对北京很有感情，一听到北京口音就感觉很亲切。"于是，商场副经理很客气地接待了这位营销人员，生意也谈得非常顺利。

　　假如说话不得体，甚至让人不好接受，会给对方造成不好印象，自然生意也很难洽谈成了。由于职业的关系，营销人员说话要注意掌握好分寸，说什么话，什么时间说，怎么说，不同于日常生活的语言交流，要有点职业特点。在与客户交谈时，营销人员一定要注意使自己的语言贴近对方的心理，尽可能地消除由于心理障碍造成的隔阂。因为人们对任何事物，首先表现在心理上接受，因此把话说到人的心里，事情才好办。

　　一位消费者怒气冲冲地拿着一双有质量问题的皮鞋来到商场。正好鞋厂营销人员到商场了解鞋的销售情况，听完这位消费者的投诉后，他马上说了一句："这样的鞋我买了也会气成你这样。"这句话使那位消费者的火气立刻消了一半，由刚开始坚持退货到后来答应换一双。

英国思想家培根说："善谈者必善幽默。"语言幽默的魅力在于，话并不明白直说，却让人通过曲折含蓄的表达方式心领神会。"二战"结束后，英国首相丘吉尔到美国访问，当记者问他对美国的印象时，丘吉尔回答："报纸太厚，厕纸太薄。"记者们哄堂大笑，但笑过之后，人们才发现丘吉尔语言的尖刻。

营销时，有时候把话说得幽默诙谐一些，可能比直截了当地说效果更好。

在营销中运用幽默，既能营造轻松活泼的气氛，又能为营销工作创造一个良好的环境。

要想成为成功的销售人员，不仅要有丰富的知识、热忱的工作态度、良好的服务品质、非凡的勇气和韧性，还要有机智的幽默感。

推销大师皮卡尔说："交易的成功，是口才的产物。可以说，推销的实质就是幽默地说服。"由此可见幽默在说服客户过程中的重要性。

房地产经纪人对他的顾客说："诚实待客是我们公司的一贯宗旨，我们将向您介绍房子的所有优缺点。"

"那么，这幢房子的缺点是什么呢？"

"哦，首先这幢房子的北面一千米处是一个养猪场，西面是一个污水处理厂，东面是个氨水厂，南面则是个酱制品公司。"

"那么，它有什么优点呢？"

"那就是，您随时都能判断当天的风向。"

在产品的推销和运营中使用幽默技巧是很有成效的，它能消除销售人员在顾客面前的紧张感，使整个过程轻松愉快，充满人情味。

一名房地产经纪人带着一对夫妇向一栋新楼房走去，他为了成交，一路上一直在喋喋不休地夸耀这栋房子和这个社区。

"这是一片多么美好的地方啊，阳光明媚，空气洁净，鲜花和绿草遍地都是，这里的居民从来不知道什么是疾病与死亡。"就在这时，他们看见一户人家正忙碌地搬家。

这位经纪人马上说："你们看，这位可怜的人……他是这里的医生，竟因为很久都无病人光顾，不得不迁往别处开业谋生了！"

该经纪人的一句幽默似乎是在用事实表明该楼区的生活环境如此之好，这样的一句话用在此时此地、此情此景中恐怕要比一千句自夸更有说服力。因此，销售者与其说是在做产品营销，还不如说是在调侃营销。在调侃中展示自身的可信度，在调侃中证实产品的品质，在调侃中展现自身的优势，在调侃中不知不觉地让客户满意，这就是幽默销售法则。

幽默能够帮助销售人员化解营销过程中可能出现的尴尬场面。

一次，推销员乔治正在推销一些所谓的"折不断"的绘图 T 字尺："看呀，这些绘图 T 字尺多么牢固，任凭你怎么用都不会坏。"为了证明他所说的话很正确，乔治握着一支绘图 T 字尺的两端使它弯曲起来。突然"啪"一声，推销员乔治只能目瞪口呆地看着手中的两截断片了。

但只过了一会儿，乔治又把它们高高地举了起来，对围观的人群大声说："女士们，先生们，这就是绘图 T 字尺内部的样子。"

推销员乔治口才甚好，其反应敏捷、善于随机应变的优秀特质，让他得以在此次意外"事故"中脱险。如果公司里有这么一位开朗的推销员，还怕产品销路不好吗？

产品销售人员幽默的特点是不仅要风趣、得体，还要具有诱惑性。我们再来看看下面这位农民如何推销他的猫。

一个巴黎古董商到外省去旅行，希望碰运气发现一些罕见的东西。他常常在一些小村庄停留，借口买鸡蛋，注意人家家里的杂物。

一天，古董商在一个农民家里发现了一件稀世奇珍：一只中世纪的小碗，但它被主人用来盛牛奶给猫吃。古董商按捺住心头的兴奋，故意装出不在意的样子，对这个农民说："你这只小猫多漂亮啊！我想把它买去给我的孩子，你同意吗？""当然可以。"这个农民答应了，并开了一个相当高的价钱，古董商照付了。

　　接着，古董商随口说："我想把这只碗也带去。因为这只猫已经习惯在这里吃东西了。""啊，不，"这个农民说，"从前天起，我已靠它卖掉 6 只猫了。"

　　一些摊贩更是深谙此道，他们能够在幽默的语言和动作中展示自己的产品，让顾客不得不眷顾不舍。

　　有一次，某推销员到一家工厂去推销沙子，但遭到拒绝，原因是该厂已打算买别家的沙子。这位推销员回去后装了两袋样品：一袋是该厂现已打算买的沙子，一袋是他准备推销的沙子，然后带着样品再次来到该厂。

　　进办公室时，他装作故意跌倒，使两袋样品都撒落出来。然后指着尘土飞扬的那袋样品说："这就是你们打算买的沙子，再看看我们的，沙子纯净多了，价钱又一样，但质量显然不同。"于是，这家工厂就与他签订了购销合约。

　　通过两种产品的比较，推销员成功地展示了自身产品与同类产品相比所具有的优势，从而给顾客造成一种诱惑。

　　幽默在产品营销过程中的应用可以说是随时间、地点、人物、对象和产品、时机的不同而千变万化，但是其中的关键是销售者本身具有一种轻松、洒脱、乐观、自信的幽默感，只有这样才能用活、用好幽默。

　　幽默是一种智慧，如果把幽默带进营销领域，形成幽默的营销风格，那么在激烈的市场竞争中就会多一份获胜的希望和意外的欣喜。